Elisabeth Berkau und Andrea Wolff

ABC

der Stoffe

WINKLER
MEDIEN
VERLAG

EDITORIAL

Liebe Leserinnen und Leser,

dank Ihrer vielfachen Nachfrage haben wir uns entschlossen, unser beliebtes Handbuch der Wohnstoffe in einer dritten Auflage neu erscheinen zu lassen. Für uns der gegebene Anlass, um den Inhalt zu aktualisieren und zu ergänzen. Mit etwa 60 neuen Begriffen, von denen viele durch Ihre Anregungen hinzugekommen sind, und über 120 farbigen Abbildungen möchten wir Ihnen nun das „ABC der Stoffe“ in dieser neuen Version vorstellen. Wie gewohnt leicht verständlich, dabei interessant und fundiert, lesen Sie hier über Wohnstoffe, ihre Geschichte, Herstellung und Verarbeitung, können nachschlagen, was sich hinter Begriffen wie Abacá, Moleskin oder Zetteln verbirgt, erfahren, dass Vichy eigentlich kein echtes Karo ist, oder informieren sich über Pflegesymbole und die immer noch weitverbreiteten Kurzzeichen für textile Rohstoffe. Dabei möchte sich unser Buch an alle richten, die in ihrem Beruf oder in ihrer Ausbildung mit Stoffen zu tun haben und einen praktischen Begleiter im Pocketformat brauchen. Aber genauso an Leser, die einfach Liebhaber schöner Wohntextilien sind und gerne mehr darüber erfahren wollen. In jedem Fall wünschen wir Ihnen viel Vergnügen beim Lesen und interessante Entdeckungen beim Nachschlagen.

München, im Herbst 2017

INHALT

Abacá

Die Abacá, auch als Manilahanf bekannt, gehört zu den Bananenstauden und stammt aus Ostasien. Aus ihren Blättern werden lange Hartfasern gewonnen, die gepresst oder zu Garn versponnen werden. Die Fasern haben gute Färbeeigenschaften, sind besonders reißfest, gegen Meerwasser resistent und sehr leicht. Die besten Voraussetzungen, um daraus neben Heimtextilien und Tapeten vor allem Schiffstaue und Seilerwaren herzustellen. Kurzzeichen: AB

Abfallseide

Der Begriff Abfallseide erklärt sich eigentlich selbst: Beim Abhaspeln der Seidenkokons entstehen Abfälle, die ebenfalls aus reiner → Seide sind! Deshalb verspinnt man auch sie, und zwar zu → Schappe-Seide, auch → Florett-Seide genannt. Diese glänzenden, festen Garne dienen entweder als Nähseide oder sie werden zu durchaus edlen Seidenstoffen verwebt. Was dann wiederum in der Schappe-Spinnerei noch abfällt, wird zu noppiger → Bourette-Seide versponnen.

Abperleffekt

Der Abperleffekt entsteht, wenn Gewebe mit wasserabweisenden Mitteln, wie zum Beispiel → Scotchgard®, → Teflon® oder Wachs, → imprägniert werden. Flüssigkeiten können dann nicht mehr eindringen, sondern sie perlen auf der Oberfläche ab. Einen ganz natürlichen Abperleffekt weisen zum Beispiel → Filz und → Loden auf.

Abriebfestigkeit

Abriebfestigkeit ist ein anderer Begriff für → Scheuerbeständigkeit.

Abseite

Mit der Abseite eines Stoffes ist seine Rückseite beziehungsweise die linke Warenseite gemeint, im Gegensatz zu seiner → Schauseite. Nur unbedruckte Stoffe in → Leinwandbindung oder gleichseitigem → Köper sehen auf beiden Seiten gleich aus. Manchmal hat die Abseite jedoch ihren eigenen Reiz, sie kann zum Beispiel gerade bei Drucken wie → patiniert aussehen, weshalb Druckdekos ab und an auch links herum verarbeitet werden.

Absorbic-Faser

Absorbic-Faser ist ein Sammelbegriff, der sich vom englischen „to absorb" für „aufsaugen" ableitet. Gemeint sind saugfähige → Chemiefasern, wie sie beispielsweise als Fasermaterial für → Bezugsstoffe infrage kommen können.

Abspannstoff

Mit Abspannstoff, meist aus leicht → appretierter Baumwolle oder Baumwollmischungen, werden die nicht sichtbaren Unter- und Rückseiten von Polstermöbeln bespannt.

Acelan

Bei Acelan handelt es sich um eine koreanische → Spinnfaser aus → Polyacryl. Sie wird in Gewebe eingearbeitet, um sie elastischer zu machen.

Acetat

Das Acetat ist eine → Kunstfaser der sogenannten ersten Generation. Sie basiert wie → Viskose, → Modal und → Cupro auf natürlicher → Zellulose, im Gegensatz zu diesen besteht sie aber aus einer Zellulose-Verbindung. Zunächst reagiert → Baumwoll-Linters oder Edelzellstoff mit Essigsäure chemisch zu Acetyl-Zellulose, die dann in Aceton gelöst und im → Trockenspinnverfahren zu Fasern geformt wird.

Foto: JAB Anstoetz

Acetat

Foto: Boussac / Pierre Frey

Akustik-Gewebe

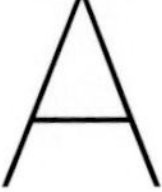

Man unterscheidet Diacetat (gemeinhin einfach als Acetat bezeichnet) und Triacetat. Acetat lässt als einzige Faser ultraviolettes Licht durch. Bei Motten und Schimmelpilzen ist es unbeliebt. Es hat viele Ähnlichkeiten mit → Synthetics: sehr quellfest, geringes Schrumpfen in der Wäsche, schnelles Trocknen. Als → Filament ausgesponnen, stimmt es nicht nur im Griff mit der → Naturseide überein. Es ist auch ähnlich leicht, elastisch, schmiegsam und unempfindlich gegen Knitter. Als → Spinnfaser gleicht es dagegen viel eher der → Wolle: weich, formbeständig und knitterarm, aber empfindlich gegenüber Hitze und Laugen. Kurzzeichen: AC oder CA (siehe Bild S. 7)

Acryl

Acryl ist das gängige Kurzwort für → Polyacryl.

Afghalaine

Afghalaine ist der Name für einen mittelfeinen → Wollstoff, der in → Leinwandbindung gewebt ist. Durch die unterschiedlichen → Kett- und → Schussdrehungen entstehen feine Schattenstreifen. Das Material hat einen weichen Fall und je nach Garn oder → Zwirn einen lockeren bis kreppartigen Griff. Der Name erinnert an das Material, aus dem das Gewebe ursprünglich hergestellt wurde, nämlich afghanische Wolle.

Ajour

Ajour leitet sich vom französischen „ajouré" ab, was so viel wie „durchbrochen" heißt. Der Oberbegriff meint alle Textilien mit einer feinfädigen Lochmusterung, seien sie nun gewebt, gewirkt oder gestickt.

Akanthus

Akanthus ist eine Pflanze aus der Familie der Bärenklaugewächse. Aus Stein gemeißelt zierten seine gezahnten Blätter in der Antike das korinthische Säulenkapitell. Heute sind sie noch immer ein häufiges Motiv im Textildesign.

Akustik-Gewebe

Akustik-Gewebe haben die Eigenschaft, Raumakustik positiv zu regulieren. Ihre Oberflächen können Schallwellen absorbieren, also „aufsaugen", und dadurch die Nachhallzeit des Schalls reduzieren. Akustik-Stoffe werden in Hallräumen auf ihre → Schallabsorption getestet: von blickdichtem → Molton aus → Baumwolle bis zu federleichtem → Polyester. Da die Gewebe viel in öffentlichen Objekten genutzt werden, sind sie in der Regel → schwer entflammbar. (siehe Bild links)

Albatross

Albatross, gemeinhin bekannt als Name eines äußerst flugvirtuosen Wasservogels, bezeichnet auch ein dünnes → Wollgewebe.

Alcantara®

Alcantara® ist der Markenname eines → Mikrofaser-Vliesstoffs mit nubukähnlicher Erscheinung. Es wird aus 68 Prozent → Polyester-Mikrofasern und 32 Prozent Polyurethan hergestellt und als → Bezugsstoff verwendet.

Alençon-Spitze

Für die Alençon-Spitze, eine nach ihrer französischen Provenienz benannte Nadelarbeit, werden füllige Musterfäden mit → Knopflochstichen auf ein → tüllartiges Grundgewebe genäht.

Allover

Allover leitet sich vom englischen „all over" ab, was in etwa „über und über" bedeutet. So bezeichnet man eher klein gemusterte Stoff-

dessins, die gleichmäßig die ganze Warenbreite überziehen.

Alpaka

Alpaka heißt ein kleines → Lama, das in den extremen Klimazonen der südamerikanischen Anden lebt, und zwar in Höhenregionen bis zu 4000 Metern. Alle zwei Jahre wird sein → Edelhaar zum Teil abgeschoren und von Hand sortiert. Dabei können insgesamt 22 Farben unterschieden werden. Alpaka glänzt → seidenartig, ist sehr fein, weich, leicht und dabei außerordentlich wärmend. Es wird zu Decken und → Bezugsstoffen wie → Loden verarbeitet. Kurzzeichen: WP

Amaretta®

Amaretta® ist der Markenname für einen bezugsgeeigneten → Mikrofaser-Vliesstoff aus 60 Prozent → Polyamid und 40 Prozent Polyurethan. Amaretta® NB ähnelt Nubukleder, Amaretta® LX erinnert eher an Veloursleder.

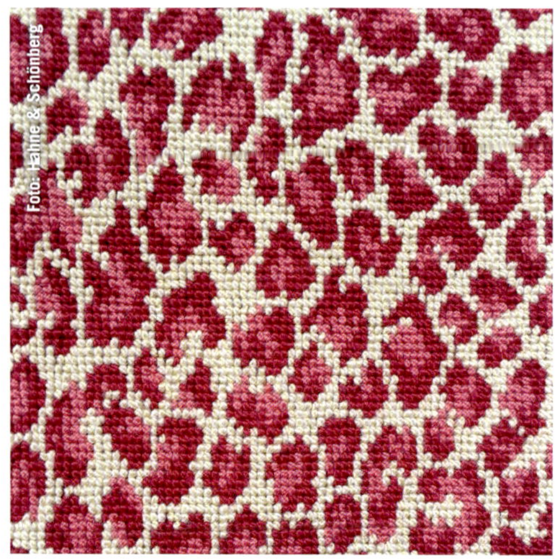

Animalprint

Anfärbbarkeit

Die Anfärbbarkeit meint die Fähigkeit von Fasern und Textilien, Farbstoffe anzunehmen. Es gibt gut und weniger gut anfärbbare Fasern.

Angora-Kanin

Angora-Kanin heißt das → Edelhaar des Angora-Kaninchens. Es wird mehrmals im Jahr gekämmt oder geschoren. Seine → Wolle ist extrem fein, leicht, seidig weich und stark elektrostatisch. Deshalb stehen die Härchen immer wie von selbst „zu Berge" und bilden eine Art → Flor, der sehr wärmend ist. Kurzzeichen: WA

Angora-Ziege

Die langlockige Angora-Ziege, bevorzugt in Texas und Südafrika gehalten, liefert das hochwertige → Mohair. Ihr Name weist auf ihre türkische Heimat hin: Sie stammt ursprünglich aus der Region um die Stadt Ankara, die man früher Angora nannte.

Anilinfarbstoff

Anilinfarbstoff galt lange als Bezeichnung für synthetische Farben überhaupt. Das im reinen Zustand giftige Anilin wird seit 1860 auf chemischem Weg aus Teer gewonnen und unter anderem zu Farbstoffen für Leder, Teppichwaren und Textilien in verschiedenen Nuancen verarbeitet.

Animalprint

Animalprint, das englische Wort für „Tierdruck", wird als Sammelbegriff für Textilien benutzt, die mit den Mustern exotischer Tierfelle bedruckt sind, also zum Beispiel Zebra, Tiger, Leopard oder Giraffe. Da sich der Begriff zum Modewort entwickelt hat, werden auch Stoffe mit gewebten Tierfellmustern darunter subsumiert. (siehe Bild links und rechts)

Animalprint

Applikation

Anneaux
Der Begriff Anneaux bedeutet im Französischen allgemein „Ringe“. Hierzulande wird er ab und zu für Vorhangringe aus Holz oder Metall gebraucht.

Anrauch-Test
Der Anrauch-Test zeigt, inwieweit → Gardinenstoffe → vergilben, wenn man sie Rauch beziehungsweise Nikotin aussetzt.

Anschmutzverhalten
Das Anschmutzverhalten meint die unterschiedliche Schmutzempfindlichkeit von Textilien: Auf sehr hellen und sehr dunklen Stoffen ist Schmutz stärker sichtbar als auf solchen mittlerer Farbigkeit, auf glatten und unifarbigen stärker als auf strukturierten oder → melangierten. Auch das Fasermaterial spielt eine Rolle, Schurwolle ist zum Beispiel von Natur aus schmutzabweisend. Chemische → Antisoiling-Ausrüstungen wie → Scotchgard®, → Teflon® oder → Baygard® verhindern weitgehend, dass Schmutz auf der Stoffoberfläche haften bleiben oder gar eindringen kann.

Antibakterielle Ausrüstung
Antibakterielle Ausrüstungen gibt es in zwei Wirkprinzipien: Die bakterizide Ausrüstung tötet Bakterien ab, die sich in Textilien einnisten wollen, während die bakteriostatische Ausrüstung die Vermehrung von Bakterien in Geweben verhindert. Beide sind nicht dauerhaft.

Antiflamm-Ausrüstung
Die Antiflamm-Ausrüstung verhindert durch eine chemische Behandlung, dass Fasern oder Stoffe brennen oder glimmen und dabei giftige Gase oder ätzende Säuren freisetzen. Nicht alle Verfahren sind reinigungsbeständig.

Antimikrobielle Ausrüstung
Mit antimikrobieller Ausrüstung meint man eine pilz- und bakterienfeindliche → Appretur.

Antipilling-Ausrüstung
Die Antipilling-Ausrüstung reduziert mit einer chemischen → Avivage die Neigung flauschiger Textilien zum unerwünschten → Pilling.

Antisoiling
Der Begriff Antisoiling leitet sich vom englischen „soil“ für „Erde“ ab, hier im Sinne von „Schmutz“ gedacht. Man meint damit chemische Verfahren wie → Scotchgard®, → Teflon® oder → Baygard®, die die Garn- beziehungsweise Stoffoberfläche stark glätten, sodass Flecken und Schmutzpartikel nicht haften oder eindringen können und sich leicht wieder entfernen lassen.

Applikation
Applikation heißt die aufwendige Verzierung von Geweben mit Stoffstückchen, Perlen, Spiegelchen und dergleichen. Diese können aufgenäht, aufgestickt oder auch aufgeklebt sein. (siehe Bild links)

Appretur
Mit Appretur bezeichnet man → Textilveredelungen, die die Gebrauchseigenschaften eines Stoffs verbessern sollen, insbesondere den Griff, den Glanz und die Steife. Das kann mechanisch geschehen, zum Beispiel durch → Kalandern oder → Sanforisieren, aber auch durch → Stärken oder eine chemische → Ausrüstung. Im allgemeinen Sprachgebrauch meint man mit „appretiert“, dass ein Stoff gestärkt wurde.

Atlas

Arabeske

Arabeske nennt man im Textildesign ein rankenförmiges Motiv, ähnlich einem stilisierten Blatt, das ursprünglich auf islamische Teppichornamente zurückgeht.

Architektentüll

Architektentüll nennt man einen relativ großmaschigen → Grobtüll, der zwar netzartig, aber klar und geradlinig strukturiert ist. Ursprünglich wurden Architektentülle als Bobinet-Tüll gefertigt.

Armure

Die Armure, eigentlich das französische Wort für → Bindung, ist ein klein gemustertes → Seiden- oder Kunstseidengewebe, das am → Schaftwebstuhl hergestellt wird.

Arnel®

Arnel® ist der Markenname eines → seidenähnlichen → Dekostoffs aus → Acetat, genauer gesagt aus Triacetat.

Atlas

Der Atlas gehört zu den elegantesten Stoffen überhaupt, wenn er, wie ursprünglich, aus reiner → Seide gewebt wird. Sein Name leitet sich vom arabischen Wort für „glatt“ her. Die → Atlasbindung lässt beim → Kett-Atlas auf der Oberfläche des Stoffes nur die dicht zusammengeschobenen → Kettfäden sichtbar werden, beim → Schuss-Atlas nur die → Schussfäden. So entsteht ein fast spiegelglattes, glänzendes, weiches Gewebe mit außergewöhnlich schönem Fall. Übrigens: Der französische Begriff → Satin bezeichnet genau denselben Stoff! (siehe Bild links)

Atlasbarchent

Als Atlasbarchent bezeichnet man einen in → Atlasbindung gewebten → Barchent.

Ätzdruck

Beim Ätzdruck, einem → Textildruckverfahren, wird der Stoff zunächst komplett eingefärbt. Danach ätzt eine farblose Paste dort, wo das Muster weiß erscheinen soll, die Farbe wieder weg. Man nennt dies auch → Weiß-Ätze. Wird der Ätzpaste ebenfalls ein resistenter Farbstoff zugesetzt, spricht man von → Bunt-Ätze.

Ätzspitze

Die Ätzspitze ist eigentlich eine Stickerei, die sich als → Spitze ausgibt. Dafür wird ein Grundgewebe, die sogenannte Ätzgaze, erst maschinell bestickt und dann chemisch weggeätzt. Nur die durchbrochene Stickerei bleibt übrig. Man nennt sie deshalb auch → Luftspitze. Die Motive erinnern oft an venezianische oder → Brüsseler Spitzen. (siehe Bild rechts)

Foto: Christian Fischbacher

Ätzspitze

Foto: Kinnasand

Ausbrenner

Aufdruck

Mit Aufdruck, auch → Direktdruck genannt, bezeichnet man den Textildruck auf ungefärbten, weißen Stoff.

Aufrauen

Aufrauen gehört bei verschiedenen Stofftypen zum charakteristischen Warenbild, etwa bei → Flanell, → Loden oder → Velveton. Heute geschieht es maschinell, rotierende Walzen mit Drahtborsten zupfen und bürsten so lange Fasern aus dem Gewebe, bis es eine Art → Flor aufweist. Früher raute man von Hand auf: mit Disteln, den sogenannten → Weberkarden, oder mit kleineren Drahtbürsten.

Ausbrenner

Ausbrenner sind immer → Mischgewebe, zum Beispiel aus → Polyester- und → Zellulose-Garnen. Mithilfe einer Schablone werden nach dem Weben im Musterfond Chemikalien aufgetragen, die die Zellulose wegätzen. Übrig bleibt ein raffinierter Stoff mit einem transparenten Fond aus Polyester und einem blickdichten Muster aus Polyester und Zellulose. (siehe Bild links)

Ausputz

Mit Ausputz meint der → Raumausstatter all die schmucken Kleinigkeiten, mit denen er seine Arbeiten „ausputzt", also → Keder und → Posamenten, aber auch Ziernägel, → Bast- oder Lederfransen, Federn, Perlen oder andere Zierelemente zum An- und Aufnähen.

Ausrüstung

Ausrüstung nennt man alle Verfahren der Textilveredelung, mit denen → Rohgewebe verbessert werden sollen, also zum Beispiel → Antiflamm-Ausrüstung, → antimikrobielle Ausrüstung, → Antipilling-Ausrüstung, → Antisoiling, → Appretur, → Aufrauen, → Beschichtung, → Dämpfen, → Dekatieren, → Egrenieren, → fungizide Ausrüstung, → Imprägnierung, → Kalandern, → Karbonisieren, → Mercerisieren, → Sanforisieren, → Scheren, → Walken.

Automatik-Faltenband

Das Automatik-Faltenband ist ein → Gardinenband, das den Stoff beim Zusammenziehen „automatisch" in regelmäßige → Falten legt.

Avitron®

Avitron® ist der Markenname für eine feine, glatte → Polyesterfaser, die für → Gardinen- und → Vorhangstoffe verwendet wird.

Avivage

Die Avivage – im Französischen bedeutet das Wort so viel wie „auffrischen" – wurde früher eingesetzt, um gefärbter → Seide den ursprünglich glatten Griff wiederzugeben. Heute meint man damit das Glätten von Garnen oder Geweben mit Seifen, Ölen oder Ähnlichem, damit sie während ihres Verarbeitungsprozesses besser gleiten. Später werden die Avivage-Mittel meistens wieder ausgewaschen.

B

Batik

Babyhair

Babyhair nennt man die besonders feinen → Wollen oder → Edelhaare von Jungtieren. Es fällt nur einmal an, nämlich wenn beispielsweise → Merino-Schafe, → Angora-Ziegen oder → Alpakas zum ersten Mal geschoren werden.

Baggings

Mit Baggings bezeichnen die Engländer grobe → Jutegewebe, die bei uns auch unter → Sackleinen oder → Rupfen laufen und häufig als → Wandbespannung oder in schwererer Ausführung für Polsterarbeiten zum Einsatz kommen.

Baldachin

Der Baldachin, jener romantische Stoffhimmel über Betten oder Kanapees, hat seinen Namen vom italienischen „baldacchino", einst ein kostbarer „Seidenstoff aus Baldac", sprich Bagdad. Die ersten Baldachine über den Sänften oder Betten reicher Fürsten waren ja auch aus reiner → Seide.

Barchent

Barchent ist ein alter Name für ein dichtes, → flanellartiges, meist → köperbindiges Gewebe aus → Baumwolle, oft mit → Leinen- oder auch → Woll-Schuss. Das Wort leitet sich vom arabischen „barrakan" ab, was so viel wie „grober Wollstoff" bedeutet. Früher gab es vor allem in Süddeutschland zahlreiche Barchentweber, die ihren Stoff im 14. Jahrhundert für Vorhänge sowie Tisch- und Bettwäsche herstellten. In einer historischen Enzyklopädie von 1787 heißt es: „Die ordinären sind blau, und die feinen roth gestreift."

Bargello-Stickerei

Die Bargello-Stickerei mit ihren typischen Rauten-, Zacken- oder Bogenmustern ist eine Variation der → Gobelin-Stickerei.

Barré

Barré bezeichnet eine feine Querstreifenmusterung in → Leinwandbindung, bei der immer ein heller → Schussfaden auf einen dunklen folgt. Barré ist also die Quer-Variante des → Rayé. Übrigens: Das Wort heißt im Französischen so viel wie „gesperrt" und leitet sich von der „Barriere" ab.

Basselisse

Als Basselisse bezeichnet man in Frankreich einen gewebten Bild- oder Wandteppich, der, im Gegensatz zum → Hautelisse, auf einem sogenannten Flachwebstuhl mit waagerecht verlaufender → Kette gefertigt wird.

Bast

Mit Bast meint man im Allgemeinen den von der afrikanischen Raphia-Palme gewonnenen → Naturbast oder → Raffia. Die langen, glatten Blattfasern lassen sich unversponnen

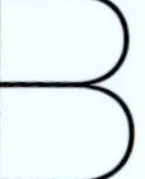

zu groben Geweben in → Leinwand- oder → Köperbindung verarbeiten. Sie eignen sich als → Wandbespannung oder, wenn sie auf ein Untergewebe kaschiert wurden, auch als → Bezugsstoff.

Bastfasern

Sogenannte Bastfasern sind, im Gegensatz zum → Bast beziehungsweise → Naturbast, die aus den Pflanzenstängeln herausgelösten Fasern von → Flachs, → Hanf, → Jute und → Ramie. Man nennt sie auch → Stängelfasern.

Bastseide

Bastseide ist eigentlich ein anderes Wort für → Grège oder → Rohseide und hat weder mit → Bast noch mit → Bastfasern im eigentlichen Sinn etwas zu tun. Sie ist mehr oder weniger glanzlos und hart, weil ihr der sogenannte „Seidenbast", das Serecin, noch anhaftet. Da es sich um eine leimartige Eiweißsubstanz handelt, spricht man treffender auch vom „Seidenleim". Behandelt man Bastseide mit heißer Seifenlauge, erhält man die teilentbastete → Souple-Seide. Kocht man sie zweimal darin ab, entsteht die völlig entbastete, glänzende und geschmeidige → Cuite-Seide.

Batik

Der Batik, eine Stofffärbetechnik, erlebte auf Java und in Indien bereits im 16. und 17. Jahrhundert eine Blüte. Die Methode basiert darauf, dass jene Stoffpartien, die keine Farbe annehmen sollen, mit geschmolzenem Wachs abgedeckt werden, das nach dem Färben wieder entfernt wird. Durch Risse im Wachs, die während der Färbeprozedur auftreten, dringt etwas Farbe ins Gewebe und es entsteht die charakteristisch geäderte Optik, das Craquelé. Andere Techniken binden den Stoff, ähnlich wie beim → Ikat, stellenweise mit Schnur ab. Jedes Batikstück ist ein Unikat. (siehe Bild links)

Batist

Von Batist heißt es, er sei nach seinem ersten Hersteller in Frankreich benannt. Das feinfädige, → leinwandbindige Gewebe ist meistens aus → Baumwolle oder → Leinen. Man verwendet Batist sowohl für feine Bett- oder Tischwäsche als auch für Vorhangbahnen mit „wäschefeiner" Ausstrahlung.

Bauernleinen

Beim Bauernleinen entsteht seine lockere Struktur durch die unregelmäßigen Verdickungen der groben Naturgarne, aus denen dieses schwere → Leinen gewebt ist. Der Stoff, der heute weitgehend maschinell hergestellt wird, erinnert an handgewebte Qualität.

Baumwolle

Die Baumwolle wurde so benannt, weil sie auf Bäumen wächst. Besser gesagt auf den bis zu

Baumwolle

B

Beflocken

zwei Meter hohen Büschen des Malvengewächses Gossypium. Es gedeiht nur zwischen 41° nördlicher und 28° südlicher Breite. Acht bis neun Monate nach der Aussaat öffnen sich die Fruchtkapseln und die weißen → Samenfasern quellen heraus. Die Inder waren wohl die Ersten, die auf die Idee kamen, sie zu verspinnen und zu verweben: Das älteste Fragment eines Baumwollgewebes aus der Zeit um 3000 vor Christus wurde am Indus gefunden. Der eigentliche Siegeszug der Baumwolle zu der mit 46 Prozent meistverarbeiteten Faser der Welt begann aber erst mit der Erfindung der Spinnmaschine im 18. Jahrhundert. Ihre vielen guten Eigenschaften machen sie universell einsetzbar: Baumwolle lässt sich ausgezeichnet spinnen und färben, ist sehr reißfest, scheuerfester als → Wolle, widerstandsfähig gegen Hitze, lässt sich gut rauen und lädt sich nicht elektrostatisch auf. Durch → Mercerisieren kann ihr ein dauerhafter Glanz verliehen werden. Kurzzeichen: CO (siehe Bild S. 19)

Baumwoll-Linters

Baumwoll-Linters heißen kurze, nicht verspinnbare Faserreste, die in der Baumwollspinnerei übrig bleiben. Da es sich um → Zellulose handelt, werden sie als Rohstoff zur Herstellung von → Acetat und → Viskose genutzt.

Baygard®

Baygard® ist der Markenname einer chemischen → Antisoiling-Ausrüstung.

Beflocken

Beflocken verleiht einem Stoff eine Art von → Flor: Per Elektrostatik bringt man sogenannte Flockfasern (sie sind nur etwa zwei bis vier Millimeter lang) auf den mit einer Klebemasse vorbereiteten Trägerstoff auf. Meist wird nur ein Muster aufgeflockt, man spricht dann auch von → Flockprint. Es handelt sich also nicht um ein → Florgewebe im klassischen Sinn! (siehe Bild links)

Beiderwand

Beiderwand ist ein alter Name für Stoffe, die auf beiden Seiten gleich aussehen, obwohl → Kette und → Schuss oft aus unterschiedlichen Materialien sind.

Beize

Mit Beize meint man eine Behandlung in einem Bad mit Metallsalzen. Sie kann beim Färben mit → Naturfarben als Vorbereitung erforderlich sein, damit die Fasern dann die Farbstoffe besser aufnehmen können.

Besatz

Besatz ist ein anderes Wort für → Ausputz.

Beschichtung

Durch eine Beschichtung von Textilien, zum

Foto: Christian Fischbacher

Beschichtung

Black-out-Stoffe

Beispiel mit Polyurethan oder Polyvinylchlorid, werden → Black-out-Stoffe, → Kunstleder oder → Wachstuch hergestellt. (siehe Bild S. 21)

Bespannstoff

Bespannstoff ist dasselbe wie → Abspannstoff.

Beuchen

Beim Beuchen wird → Baumwolle unter Druck in Natronlauge gekocht, um die Fasern zu glätten.

Bezugsstoff

Mit Bezugsstoff bezeichnet man polstergeeignete Textilien. Sie müssen nach DIN V 61010 → scheuerbeständig, → lichtecht und reibecht sein, dürfen sich nicht elektrostatisch aufladen und nicht zum → Pilling neigen, um als Bezug eines Polstermöbels möglichst lange ansehnlich zu bleiben. (siehe Bild rechts)

Bicolor

Bicolor bedeutet zweifarbig und und bezeichnet ein Gewebe mit schillerndem Farbeffekt. Dafür werden bei Kette und Schuss unterschiedlich gefärbter Garne verwendet, wie beim → Changeant.

Biese

Eine Biese ist eine ganz schmal abgesteppte Falte.

Bindung

Mit Bindung bezeichnet man die Art und Reihenfolge, in der → Kette und → Schuss beim Weben miteinander verflochten werden. Die sogenannten Grundbindungen sind → Leinwand, → Köper und → Atlas beziehungsweise → Satin. Davon leiten sich → Panama, → Dreher, → Rips, → Waffel-Piqué und Fantasiebindungen wie die → Kreppbindung ab.

Black-out-Stoffe

Sogenannte Black-out-Stoffe sind absolut lichtundurchlässig und werden hauptsächlich

für Verdunkelungsrollos und als Sonnenschutz gebraucht. Man erreicht die Lichtdichtheit durch eine mehrfache → Beschichtung auf der Stoffrückseite. (siehe Bild links)

Blanket

Blanket ist die englische Bezeichnung für Decke.

Blaudruck

Der Blaudruck, ein traditionelles → Reservedruckverfahren, wird vor allem auf → Leinen angewendet. Mit einem Holzmodel druckt man zunächst eine Paste, den sogenannten Papp, als Muster auf die weiße Leinwand. Anschließend wird sie in einer → Indigo-Küpe gefärbt. Ähnlich wie beim → Batik nimmt der Stoff an den mit dem Papp bedruckten Stellen keine Farbe an. Wäscht man den Papp heraus, erscheint ein weißes Muster auf blauem Grund. Deshalb nannte man den Blaudruck, der in Europa vom Ende des 17. Jahrhunderts bis ins 20. Jahrhundert gebräuchlich war, auch hie und da Porzellandruck.

Bleiband

Für Bleiband werden kleine Bleikügelchen oder dünnes Walzenblei in ein schlauchförmiges Band eingearbeitet. Man kann es in den Saum von Gardinen oder → Vorhängen einlegen und so einen besonders glatten, gleichmäßigen und eleganten Fall des Stoffes erreichen.

Bleichen

Bleichen ist bei Naturfasern dann nötig, wenn das Garn oder Gewebe reinweiß werden soll, um es dann eventuell zu färben oder zu bedrucken. Chemische Bleichverfahren arbeiten zum Beispiel mit Chlorhypochlorit, Chlorit oder Ozon. Früher legte man → Baumwolle oder → Leinen zum Bleichen einfach in die pralle Sonne. Heute erzielt man mit → optischen Aufhellern strahlendes Weiß.

Bleking-Stickerei

Die Bleking-Stickerei zeigt farbige Blüten und Vögel auf einem weißen → Leinengrund.

Blütenstich

Der Blütenstich ist ein Stickstich, der kleinen, ovalen Blütenblättchen gleicht. Ordnet man ihn im Kreis herum an, entsteht ein blümchenartiges Muster.

Bobinet-Tüll

Der netzartige Bobinet-Tüll gilt als „echter Tüll". Er wird auf der Bobinet-Maschine hergestellt, für die der Engländer John Heathcoat 1809 das Patent erhielt. Bei dieser besonderen Technik, einer Kombination aus Weben und Flechten, arbeiten bis zu 4000 → Schussfäden gleichzeitig. Sie laufen von flachen Garnspulen, den Bobinen, ab und umschlingen die → Kettfäden völlig. So kann je nachdem → Erbstüll, → Fein-

Foto: Höpke Textiles

Bezugsstoff

Bouclé

tüll, → Gittertüll, → Wabentüll oder → Jacquardtüll entstehen. Der Name stammt aus dem Englischen, „bobbin" bedeutet „Spule".

Bogen-Store

Der Bogen-Store hat einen in gleichmäßigen Bögen verlaufenden Saum, dabei häufig auch mit → Volant.

Bohrstickerei

Bohrstickerei ist ein anderer Begriff für die als → Broderie Anglaise berühmt gewordene Nadelarbeit.

Bombyx mori

Bombyx mori heißt jener kostbare kleine Schmetterling, der echte → Seiden- oder Maulbeerspinner, auf Lateinisch. Als Raupe spinnt er den unnachahmlichen Seidenfaden.

Bonding

Bonding oder auch Bonded Fabrics nennt man zwei Stoffe, die vollflächig miteinander verklebt sind. Das wird zum Beispiel mit Ober- und Futterstoffen praktiziert, wobei auch eine Zwischenschicht aus Schaumstoff mit eingearbeitet werden kann.

Bonnes Grâces

Bonnes Grâces heißen bei den Franzosen die leichten → Vorhangbahnen an Prunkhimmelbetten.

Bordüre

Eine Bordüre kann eine → Borte sein oder eine streifenförmig verlaufende Musterung im Stoffdesign. Man spricht zum Beispiel von einem Bordürendruck.

Borken-Krepp

Der Borken-Krepp, meist aus überdrehten → baumwollnen Kreppgarnen gewebt, bekommt durch eine spezielle Pressung zusätzlich einen rindenartigen Knittereffekt.

Borte

Die Borte gehört zu den → Posamenten.
Sie wird als mehr oder weniger schmales Band in vielerlei Musterungen gewebt oder auf einer → Häkelgalonmaschine hergestellt. → Effilé-Borten haben Schlingenfransen. Die Feston-Borte zeigt eine gebogte, die Zacken-Borte eine gezackte Kante. → Gimpen-Borten werden aus mehreren Gimpen gefertigt. Die → Marabout-Borte ähnelt dem → Samtband. (siehe Bild rechts)

Bouclé

Bouclé – selten gibt es auch die deutsche Schreibweise Buklee – heißt im Französischen so viel wie „in Locken gelegt". Gemeint sind Bouclé-Stoffe mit ihrer stark strukturierten Oberfläche aus vielen kleinen Schlingen. Sie

Foto: Houlès

Borte

Brokat

Foto: Ardecora / Zimmer + Rohde

B

können nur aus den speziellen Bouclé-Garnen hergestellt werden, die in einem eigenen Spinn- beziehungsweise → Zwirnverfahren, bei dem immer wieder Fasern übereinandergeschoben werden, ihr „gelocktes“ Aussehen erhalten. Der Bouclé wird häufig aus → Wolle gewebt und als → Bezugsstoff verwendet. (siehe Bild S. 24)

Bourette-Seide

Bei der Bourette-Seide handelt es sich zwar um reine → Seide, aber um eine → Abfallseide aus den Überbleibseln der → Schappe-Seidenspinnerei. Die Bourette-Garne sind matt, unregelmäßig und noppig und werden häufig zu → Dekostoffen verwebt.

Boutis

Die Boutis sind in Südfrankreich zu Hause. Ähnlich wie die amerikanischen → Quilts werden diese Decken dort traditionell von Hand angefertigt. Zwischen zwei Lagen Stoff – meist → Indiennes – wird eine → Wattierung eingelegt. Reiches Besticken verbindet dann nicht nur die Stofflagen miteinander, sondern hat auch den Effekt, dass die Muster reliefartig hervortreten.

Brillantine

Brillantine nennt man in Frankreich einen glänzenden, aber leichten Webstoff.

Broché

Der Broché – im Französischen bedeutet das Wort so viel wie „durchwirkt“ – ist sehr aufwendig herzustellen und deshalb selten und teuer. Während des Webens wird in einen glatten Fond mit meist dickeren Musterfäden, die von zusätzlichen kleinen Brochier-Schützen kommen, ein Muster eingewebt. Im Gegensatz zum → Lancé → flottieren diese Fäden jedoch auf der Geweberückseite nicht von einem Motiv zum anderen, sondern kehren jeweils an der Motivgrenze um. Durch diese sehr alte Technik (schon im Mittelalter gab es Brochierungen in Gold und in → Wolle) erhält der echte Broché, ähnlich wie der → Damast, eine sich etwas verwerfende Oberfläche. Sie glättet sich nur, wenn sie, zum Beispiel beim Polstern, ganz straff gespannt wird.

Broderie Anglaise

Die Broderie Anglaise, zu Deutsch die „englische Stickerei“, entstand in Frankreich und gehört zu den → Bohr- beziehungsweise → Lochstickereien. Ähnlich wie bei der → Madeira-Stickerei, deren Vorläuferin sie war, besteht das Muster aus kleinen, umstickten Löchern. Meist wurde sie Weiß in Weiß auf feiner → Baumwolle ausgeführt.

Brokat

Der Brokat zählt zu den reichsten und kunstvollsten Geweben überhaupt. Das Wort leitet sich vom italienischen „broccato“ für „gestickt“ ab. In Italien wurde er denn auch entwickelt, und zwar aus dem → Damast. Echter Brokat zeigt aufwendige, mehrfarbige Muster aus → Seide und ist zusätzlich von glitzernden Metallfäden durchzogen: Das ist das Besondere! Ursprünglich nur im → Schuss, wie bei einem → Broché. Im Mittelalter benutzte man dazu den sogenannten „cyprischen Goldfaden“, für den schmale Streifen aus Darm mit Goldauflage um eine → Leinen- oder → Seiden-Seele gewickelt wurden. Erst Ende des 15. Jahrhunderts kamen echte Edelmetallfäden auf: aus gelber oder weißer Seide, umsponnen von einem Gold- oder Silberlahn. Das Nonplusultra der Brokat-

webkunst waren die → Samtbrokate des 15. und 16. Jahrhunderts, eine handwerkliche Höchstleistung. Besonders wenn man bedenkt, dass sie von Hand in zahllosen Arbeitsstunden am → Zampelwebstuhl hergestellt wurden und erst in neuerer Zeit dann am → Jacquard-Webstuhl. (siehe Bild S. 26)

Brokatell

Der Brokatell, ein historischer Stoff, ähnelt dem → Brokat, wurde aber mit zwei Kettfadensystemen gewebt und bekam dadurch eine leichte Reliefstruktur. Meist war er nur zweifarbig, ursprünglich mit einer → Kette aus → Seide und → Leinen im → Schuss.

Brüsseler Spitze

Brüsseler Spitze ist ein Sammelbegriff für → Leinenspitzen aus der Region Brabant, die → geklöppelt oder als Nadelarbeit hergestellt wurden. Ursprünglich – im 17. Jahrhundert – stellten die Spitzenklöpplerinnen Fond und Muster getrennt her und nähten sie erst danach zusammen.

Buckram

Buckram, im Französischen „Bougram“ genannt nach der Stadt Buchara, ist die Bezeichnung für einen mit einer Leim-Appretur versteiften → Nessel, mit dem man früher → Schabracken und → Raffhalter in Form brachte.

Bunt-Ätze

Bunt-Ätze heißt eine Variante des → Ätzdrucks, bei der auch der Ätzpaste Farbstoffe zugesetzt werden.

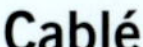

C

Cablé

Der Cablé ist ein → Zwirn aus mehreren Zwirnen. Dadurch sieht er ein bisschen wie eine geflochtene → Kordel aus und ergibt beim Weben eine leicht körnige Struktur.

Caféhaus-Gardine

Die Caféhaus-Gardine entstand aus der Wiener Kaffeehauskultur. Sie bedeckt die Fenstescheibe nur halb, sodass man von drinnen noch gut beobachten kann, was draußen vor sich geht.

Calais-Spitze

Die Calais-Spitze weist im Namen auf ihren Ursprung hin. Denn mit der Entwicklung der ersten Maschinen zur → Spitzenherstellung etablierte sich diese Textilproduktion vor allem um die nordfranzösische Stadt Calais. Zu Beginn des 20. Jahrhunderts waren dort über 550 Fabriken ansässig. Die „Dentelle de Calais", wie die → Spitze auch genannt wird, wurde und wird ausschließlich maschinell produziert. Sie ist besonders fein und sehr stabil.

Cambric

Der Cambric, eigentlich das englische Wort für den französischen → Chambray, ist ein dichtes, feines und → leinwandbindiges → Baumwollstöffchen, vergleichbar dem → Batist.

Canevas

Der Canevas, nicht zu verwechseln mit dem → Canvas, wird auch → Stickgaze oder → Gitterleinwand genannt. Das stark → appretierte, das heißt → gestärkte Gewebe hat eine gitterartige Struktur und eignet sich deshalb hervorragend als Grundstoff für Stickarbeiten. Meist wird es aus → Baumwolle in der seltenen Scheindreherbindung hergestellt. Auch die Schreibweise Kanevas ist gebräuchlich.

Canvas

Canvas nennt man einen kräftigen, äußerst strapazierfähigen → Baumwollstoff in → Leinwandbindung, der aus der Jeans-Fashion kommt. Ähnlich wie „die Blauen" hat auch er einen → Wash-out- und → Fade-out-Effekt und wird, wo das erwünscht ist, als → Bezugsstoff verwendet. (siehe Bild unten)

Cashgora

Cashgora heißt das → Edelhaar der Cashgora-Ziege, die erstmals 1981 in Neuseeland gezüchtet wurde. Sie ist das Ergebnis der erfolgreichen Kreuzung eines → Angora-Ziegenbocks mit einer → Kaschmir-Ziege. Ihre exklusive → Wolle, im Durchschnitt sind es nur 500 Gramm pro Schur, wird als „New Zealand Cashgora" bezeichnet. Es hat die Feinheit, den Glanz und die Weichheit des Kaschmirs, ist aber strapazierfähiger und zudem preisgünstiger.

Canvas

Chiffon

Foto: Zimmer + Rohde

C

Chambray

Chambray, meist aus leichterer → Baumwolle, wird immer → leinwandbindig gewebt und hat immer einen weißen oder naturweißen → Schuss. Die → Kette ist dagegen farbig, oft pastellig, wodurch er dem → Changeant ein wenig ähnelt. Er bleibt jedoch blasser und matt in der Optik.

Challie

Challie heißt in Frankreich ein → Wollstoff, der mit einem Blümchenmuster bedruckt ist.

Changeant

Der Changeant – im Französischen bedeutet das Wort „wechselnd" und auch „schillernd" – wird in → Leinwandbindung aus verschiedenfarbigen feinen → Kett- und → Schussfäden gewebt. Dadurch entsteht, je nach Lichteinfall und Blickrichtung, ein schillernder, eben changierender Farbeindruck. Eine raffinierte Wahl der beiden Farben und ein glänzendes Garnmaterial, wie etwa → Seide, kann diesen Effekt noch enorm steigern.

Charmelaine

Charmelaine, ein wollartiges → Abseitengewebe, zeigt auf der rechten Seite charakteristische feine Rippenmuster. Dagegen ist die linke Seite glatt und glänzend. Diese Optik wird durch verstärkte → Atlas- oder → Köperbindung erzielt. Der Name des Gewebes kommt aus dem Französischen: „charme" heißt „bezaubernd" und „laine" steht für „Wolle".

Chemiefasern

Zu den Chemiefasern zählen, im Gegensatz zu den → Naturfasern, alle auf chemischem Weg hergestellten Fasern. Dies sind zum einen die → Zellulose-Fasern, die auch Chemiefasern der ersten Generation genannt werden, zum anderen die später entwickelten synthetischen → Polymere, die man auch kurz → Synthetics nennt.

Chenille

Chenille heißt im Französischen sowohl „Raupe" als auch „Seidenbordüre". Für den → Veloursstoff, den wir Chenille nennen, muss zunächst ein spezielles Chenille-Garn hergestellt werden. Dafür wird eine sogenannte Vorware gewebt und in → Kettrichtung in schmale Streifen geschnitten. Wegen der seitlich herausstehenden, abgeschnittenen Fadenenden sieht es ein bisschen wie eine Raupe aus. Verwebt man es als → Schussgarn, verleiht es dem Stoff eine → samtähnliche Optik und → Haptik. Der Chenille ist strapazierfähig, wärmend und meist blickdicht und kann sowohl als → Dekostoff wie auch als → Bezugsstoff genutzt werden.

Chiffon

Chiffon ist semitransparent, feinfädig und sehr leicht. Das Gewebe wird aus Kunst- oder → Naturseide hergestellt. Dafür werden stark gedrehte Garne zu einer lockeren → Leinwandbindung verwoben. Ergebnis: eine leicht unregelmäßige Oberfläche und ein sandiger Griff. (siehe Bild links)

Chinaleinen

Chinaleinen oder → Grasleinen nannte man früher Gewebe aus → Ramie. Im Rohzustand heißt diese hochwertige → Bastfaser, die hauptsächlich in China angebaut wurde und wird, auch → Chinagras.

Chiné

Der Chiné hat seinen Namen vom französi-

C

schen „chiner", was so viel wie „flammen", aber auch „bunt weben" bedeutet. Es handelt sich um einen → Kettdruck, denn der Stoff erhält sein charakteristisches, etwas verschwommen und wie gezackt aussehendes Muster dadurch, dass die Motive vor dem Weben auf die → Kette gedruckt werden. Die mechanischen Bewegungen während des Webens verziehen die Konturen des Aufdrucks etwas, sodass ein → ikatähnlicher Effekt entsteht. Häufig wird der Chiné als exquisiter → Dekostoff in → Seide gewebt, es gibt ihn aber auch aus → Acetat, → Baumwolle oder → Polyester. Generell bezeichnet man auch zickzackgemusterte Gewebe als „chiniert".

Chinoiserie

Chinoiserie bedeutet im Französischen eigentlich „Nippes". Allgemein wird der Begriff jedoch für Dinge und Motive aus China beziehungsweise Asien verwendet, wie sie im Rokoko sehr en vogue waren: Porzellan, Lackarbeiten, Figurinen, Kleinmöbel. Ausgelöst wurde dieser Trend durch die ersten Importe der Compagnies des Indes aus Fernost, die per Schiff in Marseille ankamen. Viele Chinoiserie-Motive wurden auch auf Tapeten und Stoff gedruckt. So gibt es zahlreiche → Toiles de Jouy dieser Art. Wobei diese Szenen das ferne China und seine Chinesen eben immer so darstellten, wie man sie sich im Europa des 18. Jahrhunderts ausmalte. Übrigens: Das Wort Chinoiserie wird in Frankreich auch für „alter Zopf" gebraucht – es muss wohl der Chinesenzopf gemeint sein!

Chintz

Der Chintz gilt als der „englischste" aller Stoffe: ursprünglich geblümt, bunt, verspielt, aber traditionell. Doch liegen nicht nur die Wurzeln des Wortstammes im Hindi und damit in der Ära Englands als Kolonialmacht in Indien. Denn von den Indern lernten die Briten und eigentlich ganz Europa die Kunst des haltbaren Stoffdrucks. Üppige Blumenmuster in leuchtenden Farben waren bis dahin im Westen unbekannt gewesen. Nach ihrem Bekanntwerden auf der Insel wurden die asiatischen Techniken und Muster jedoch rasch verändert und verfeinert. Bereits 1676 erfand William Sherwin eine Methode, die den ersten englischen Chintz hervorbrachte. Viele Textildrucker machten es ihm nach, die Londoner Themse bot ihnen damals noch das frische Wasser, das sie für den Druckprozess benötigten. Doch die Weber sahen ihre Felle im wahrsten Sinne davonschwimmen und gingen angesichts der neuen Konkurrenz auf die Barrikaden. Mit Erfolg: 1721 untersagte ein Parlamentserlass die Chintz-Herstellung strengstens! Doch der blumige Chintz war sogar jenseits des Atlantiks bereits so begehrt, dass das Verbot fünfzig Jahre später wieder aufgehoben werden musste. Chintz ist aus → Baumwolle und glänzt nicht immer, aber meistens. Der charakteristische Glanz wurde ursprünglich durch Polieren mit Feuerstein hervorgerufen, später mit einer Wachsschicht erzielt und wird heute durch Kunstharze oder → Kalandern erzeugt. (siehe Bild rechts)

Chor

Unter Chor versteht man beim Weben die Farbgruppe der → Polfäden. Dabei ist einchorig gleichbedeutend mit einfarbig und von mehrchorig (zweichorig, dreichorig und so weiter) spricht man, wenn mehrere Farben verwendet werden.

Foto: JAB Anstoetz

Chintz

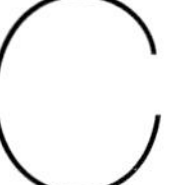

Ciré

Ciré ist das französische Wort für → Wachstuch. Generell bezeichnet man damit Stoffe und auch Bänder mit einer abwischbaren → Beschichtung.

Cloqué

Der Cloqué, im Französischen bedeutet das Wort „Blase“, wird auch Blasenkrepp genannt. Er gehört zu den → Doppelgeweben und wird ganz raffiniert konstruiert: Beim echten Cloqué wird das Obergewebe mit glattem → Schussgarn gewebt und das Untergewebe mit gekrepptem Schuss. Für den sogenannten Schrumpf-Cloqué verwendet man für das Obergewebe nicht schrumpfendes und für das Untergewebe ein Schussgarn, das in der nachfolgenden → Ausrüstung schrumpft. In beiden Fällen führt das dazu, dass das Untergewebe sich zusammenzieht und das Obergewebe damit quasi zwingt, Blasen zu werfen. Ober- und Untergewebe werden oft in einer schachbrettartigen Musterung angeordnet, sodass eine waffelähnlich strukturierte Oberfläche entsteht. Der Cloqué ist also ein → Dekostoff mit einer dritten Dimension.

Cochenille

Die Cochenille (es gibt auch die Schreibweise Koschenille) war der erste bekannte Farbstoff, mit dem sich dauerhaftes Karminrot färben ließ. Wie des Öfteren bei Naturfarben war die Sache nicht so ganz appetitlich, denn bei der Droge handelt es sich um die getrockneten Weibchen der Schildlaus Dactylopius coccus oder auch Coccus cacti, die sich im Morgenland auf der Kakteenart Opuntia cochenillifera ansiedelte und so auch gezüchtet wurde. Dennoch war Cochenille bis zur Erfindung entsprechender synthetischer Farbstoffe sehr begehrt und teuer. Karminrote Stoffe waren daher Kennzeichen von Reichtum und Adel.

Color Blocking

Von Color Blocking spricht man eigentlich in der Mode. Aber auch bei Interiorstoffen hat sich der Begriff für die Kombination von starken Kontrastfarben durchgesetzt.

Coordinates

Mit Coordinates, vom englischen „aufeinander abstimmen“ abgeleitet, sind Kollektionen gemeint, in denen verschieden gemusterte Stoffe zueinander passend → dessiniert wurden, damit man sie beliebig kombinieren kann. Häufig werden Coordinates sogar auch mit abgestimmten Tapeten oder Bodenbelägen angeboten.

Cord

Cord, englisch für „Schnur“ oder „Kordel“, wird allgemein als Bezeichnung für Cordsamt verwendet. Dieser → Schuss-Samt entsteht in der sogenannten Hohlschusstechnik mit → flottierenden Schussfäden. Werden sie später aufgeschnitten, bilden sich die typischen, längslaufenden → Flor-Rippen. Cord wird meist aus → Baumwolle gefertigt und ist ein strapazierfähiger → Bezugsstoff.

Côtelé

Côtelé, das französische Wort für „gerippt“, wird als Bezeichnung für einen Möbelbezugsstoff mit deutlichen Rippen, meist in Längsrichtung, gebraucht. Die leichtere Version, der Côteline, kommt als → Dekostoff vor.

Craquelé

Als Craquelé, aus dem Französischen für „rissig“, bezeichnet man ein Gewebe mit einer

borkenartigen Musterung, die in Längsrichtung erscheint. Der Stoff ähnelt dem → Seersucker.

Crash

Crash, eigentlich die englische Bezeichnung für „Zusammenstoß", bezeichnet eine zerknittert wirkende Stoffstruktur, wie sie zum Beispiel dem → Panné-Samt oft verliehen wird. Übrigens: Mit „Crinkle", meist im Zusammenhang mit → Baumwolle gebraucht, meint man das Gleiche, nur dass die Fältelung etwas feiner ist.

Crêpe

Crêpe heißt in Frankreich nicht nur der delikate Eierkuchen: Das Wort bedeutet auch so viel wie „Kräuselung" und bezeichnet deshalb dort wie hier jenen feinen Stoff, für den es aber auch die Schreibweise Krepp gibt. Er wird meist in einfacher → Leinwandbindung aus überdrehten, sogenannten Kreppgarnen gewebt, die sich leicht kräuseln und so der Ware ihre charakteristische Kreppstruktur geben. Es gibt aber auch die sehr unregelmäßige → Kreppbindung, die dem nach ihr benannten Bindungskrepp ebenfalls eine gekräuselte Oberfläche verleiht. Zuletzt kann man die gewünschte Struktur auch in der → Ausrüstung durch eine Prägung, die → Gaufrage, erzielen. Absolute Edelversion ist natürlich der echte → Crêpe de Chine: fast transparent und aus reiner → Seide.

Cretonne

Der oder die Cretonne (es gibt auch die deutschen Schreibweisen Kretonne und Kreton) ist ein einfaches, universelles, → leinwandbindiges Gewebe aus → Baumwolle. Eigentlich handelt es sich um nichts anderes als um Baumwollnessel. Dennoch wird er sowohl als Rohware für die Textildruckerei häufig Cretonne genannt, wie auch als bedruckte Fertigware in Uni oder mit Musterungen. Cretonne kann als → Dekostoff oder als leichter → Bezugsstoff verwendet werden. Er wird zu den sogenannten → Stellungswaren gerechnet.

Crossbreed

Das Crossbreed- oder Crossbred-Schaf, beide Worte stehen im Englischen für „Mischling", kam aus einer Kreuzung zustande. Als Vater holten die Züchter den Bock der geburtenfreudigen englischen Lincoln-Rasse und als Mutter ein → Merino-Schaf. Crossbreed-Schafe stellen hohe Ansprüche an ihr Weideland, weshalb sie vorwiegend in Neuseeland gehalten werden, geben dafür aber sehr viel und kräftige → Wolle, die für Teppichböden und Möbelbezugsstoffe verwendet wird.

Cupro

Cupro ist eine → Zellulose-Faser. Dafür wird der Zellstoff, den man aus Baumholz gewinnt, in einem sogenannten Kupferverfahren mit Kupferoxid und Ammoniak gelöst und dann im → Nass-Spinnverfahren zu → Filamenten oder → Spinnfasern ausgesponnen. Das feine, → seidige Material wird in Deutschland nicht mehr hergestellt. Kurzzeichen: CU oder CUP

Cuite-Seide

Cuite-Seide ist vollkommen entbastete → Seide. Sie entsteht durch zweimaliges Abkochen der → Bastseide in Seifenlauge.

D

Damassé

Damassé heißt ein mit dem echten → Damast nahe verwandtes Gewebe, das im 18. Jahrhundert auftauchte. Wie bei seinem Namensvetter entstehen die Muster ebenfalls durch → Bindungswechsel und zeigen gestufte Konturen, sie sind aber zusätzlich noch mit → Brochierungen aus → Seide, Gold oder Silber veredelt. Damassé wurde auf dem sogenannten Hebeschaft-Webstuhl hergestellt.

Damast

Der Damast, jener Luxusstoff, aus dem sogar in der einfarbigen Version die rankenden Muster geradezu plastisch hervorzutreten scheinen, wurde, wie so viele Gewebe, vor langer Zeit in China erfunden. Das älteste bekannte Original stammt aus der Tang-Zeit (618–975). Obwohl die Chinesen die Herstellungsweise des schillernden Stoffes zunächst nicht preisgaben, handelten sie doch mit ihm. Und so gelangten auf den Pfaden der → Seidenstraße im Laufe der Jahrhunderte die ersten Stoffbahnen und später auch ihr Fabrikationsgeheimnis bis nach Europa. Als der Damast in der Renaissance schließlich in Italien auftauchte, traf er genau den Nerv der Zeit: Alles, was mit Raum und Tiefe, mit perspektivischen und plastischen Effekten zu tun hatte, wurde erforscht und war in. Räume erhielten Stuckornamente und Möbel wurden mit Reliefschnitzereien verziert. Klar, dass dieser neuartige Stoff mit seinem fast dreidimensionalen Muster sofort ein Mode-Hit wurde. Man importierte ihn via Damaskus, daher sein Name. Doch nicht lange, denn die italienischen Seidenweber, vor allem ihre Elite in Lucca, adaptierten die Technik in Windeseile. Und sie entwickelten die Damastweberei in Italien zu großer Blüte. Die Nachfrage seitens Adel und Klerus war enorm, schließlich gab es neuerdings gepolsterte Thronstühle und Himmelbetten, für die man reichlich Metragen brauchte. Damals wie heute ließen die Weber die Motive, berühmt wurden zum Beispiel die „Granatapfel"-Stoffe, durch einen → Bindungswechsel hervortreten: Das Muster wird in → Schuss-Atlas und der Fond in → Kett-Atlas gewebt, auf der Geweberückseite erscheint es umgekehrt. Den Rest der faszinierenden Wirkung besorgt das Licht. Echten Damast kann man an den regelmäßigen, feinstufigen Konturen der Motive erkennen. Ebenso an seiner sich reliefartig verwerfenden Oberfläche, die sich nur durch Spannen, zum Beispiel beim Polstern, glätten lässt. Bei → Leinen-Damast fällt das allerdings weniger auf als bei Seiden-Damast. (siehe Bild rechts)

Dämpfen

Dämpfen, also Bügeln mit feuchter Hitze, kommt in der → Ausrüstung vor. Bei Druckstoffen kann es die Farbstoffe fixieren. Außerdem kann man durch Dämpfen unerwünschte Glanzeffekte abmildern und manche Textilien, je nach Faserart, krumpf- und bügelfest machen.

Daunensatin

Der Daunensatin wird meist aus → Baumwolle in → Satinbindung gewebt. Und zwar so dicht, dass er sich als Bezug von Daunendecken eignet.

Dégradé

Im Französischen heißt „dégrader" unter anderem „auswaschen" und im Zusammenhang mit Farben „abschattieren". Mit Dégradé meint man im Textildesign eine Musterung, in der Farbverläufe von Hell nach Dunkel streifenweise aneinandergesetzt werden und immer wiederkehren.

Foto: Colefax and Fowler

Damast

D

Dekatieren

Dekatieren ist ein → Dämpfverfahren, mit dem insbesondere → Wollstoffe, wie zum Beispiel → Loden, behandelt werden. Durch die Einwirkung von heißem Dampf und entsprechendem Druck bekommen sie einen feinen Glanz.

Dekostoff

Von Dekostoff spricht man bei denjenigen Einrichtungsstoffen, die sich für alle Arten von Innenraumdekorationen eignen, wie etwa → Vorhänge, → Wandbespannungen, Kissen, eventuell Decken und Tischdecken. Sie sind jedoch nicht als → Bezugsstoff gedacht, da sie nicht die erforderliche Strapazierfähigkeit mitbringen.

Foto: Jane Churchill / Colefax and Fowler

Denim

Denim

Denim ist ein Gewebe in → Köperbindung, das ursprünglich in Frankreich hergestellt wurde. Der sogenannte „Serge de Nîmes" bezeichnete einen Stoff in → Köperbindung, auf Französisch „serge", aus Nîmes. Als Kurzform wurde daraus einfach Denim. Für die typische Farbe der Ware, aus der Erfinder Levi Strauss die ersten Jeans anfertigen ließ, ist nur die → Kette blau gefärbt. Der → Schuss ist weiß. (siehe Bild links)

Design

Design heißt im Englischen „Entwurf", Designer demnach „Entwerfer". Etwa seit Beginn des 20. Jahrhunderts hat sich der Begriff Design nach und nach weltweit für die Gestaltung von Möbeln und Gebrauchsgegenständen eingebürgert, und zwar vorwiegend solchen, die industriell produziert werden. Design hatte ursprünglich das Ziel, Zweckmäßigkeit und Funktionalität mit einem Maximum an Ästhetik zu verbinden. Hintergedanke war dabei alsbald, die Produkte besser vermarkten zu können. Als zentrale und viel diskutierte Lehrsätze des Designs gelten: „Hässlichkeit verkauft sich schlecht", Dogma des als King des amerikanischen Industriedesigns geltenden Raymond Fernand Loewy, sowie: „Form follows function", eine Aussage, die der Architekt Louis H. Sullivan bereits 1894 (!) machte. Sie wurde zum Motto des Funktionalismus und hat bis heute prägenden Einfluss auf viele Designer. Aber nicht auf alle: Seit den Siebzigern übernahmen vielfach elektronische Chips die Funktion. Was also tun mit der Form? Dies wurde zum Auslöser für das sogenannte Neue Design. Es stellte die drei F auf den Kopf und provozierte mit „Form follows fun", „Form follows emotion" und

D

sogar „Form swallows function“. Nicht negativ zu verstehen, wurde Design vielfach als Formgebung zum Selbstzweck, zum Spiel mit Materialien, Farben, Oberflächen und Designzitaten aus früheren Epochen, wie in der Postmoderne oder auch im Neobarock. Damit schlug endlich wieder die große Stunde für das Textildesign, das von den Designern so lange stiefmütterlich behandelt worden war. Im Zuge des Cocooning stieg nicht nur allgemein wieder die Nachfrage nach etwas Warmem, Kuscheligem, was Textilien nun mal sind, sondern man widmete auch einem stimmigen Styling des Zuhause wieder größte Aufmerksamkeit. Und dazu gehören passende Stoffe, die Individualität und Lebensstil des Besitzers exakt treffen und ausdrücken.

Dessinieren

Dessinieren wird hauptsächlich als Begriff im Textildesign gebraucht. „Dessin“ ist das französische Wort für „Entwurfsskizze“ im Sinne von „Muster“. Dessinieren meint also die Tätigkeit der Textildesigner – das Anfertigen von Musterungen, den sogenannten Stoffdessins, und ihren diversen Farbstellungen, den → Kolorits. Dazu gehört sowohl das Entwickeln von Webmustern wie auch das Gestalten von Druckmotiven.

Détachur

Die Détachur, vom französischen „détacher“ für „Flecken entfernen“, ist nichts anderes als eben Fleckentfernung. Hin und wieder wird der Begriff auch im übertragenen Sinn für Verfahren zur Farbegalisierung in der Textilfärberei oder im Druckbereich gebraucht.

Dévorant-Druck

Der Dévorant-Druck ist die Herstellungsmethode für → Ausbrenner-Waren. Der Begriff leitet sich vom französischen „dévorer“ ab, was so viel wie „verschlingen“ und „zerfressen“ bedeutet. Dies bezieht sich auf die beim Dévorant-Druck benutzte Ätzpaste, die den Gewebefond ausätzt, bis er transparent erscheint. Letztendlich bleibt nur das eigentliche Muster undurchsichtig stehen.

Diasper

Der Diasper ist ein historisches Gewebe, das im Mittelalter zunächst in Sizilien auftauchte. Als die Staufer 1266 ihre Herrschaft über die Insel verloren, übersiedelten die sizilianischen → Seidenweber in die Toskana. Besonders in Pisa und Lucca entstand eine regelrechte Weberelite. Sie webten auch den Diasper, man sprach vom „Diasprum Lucanum“. Anfangs charakterisierten den einfarbigen Stoff eindeutig ein matter Fond in → Leinwandbindung und ein glänzendes Muster, das durch → flottierende Schussfäden gebildet wurde. Im Laufe der Zeit wurde der Diasper jedoch mehrfarbig, in allen möglichen → Bindungen gewebt und mit Gold- und Seiden-Brochierungen versehen. Deshalb bezeichnet der Begriff aus heutiger Sicht zumeist allgemein die Seidenstoffe jener Periode. Übrigens: Die Weber in Lucca unterhielten damals bereits eine Niederlassung in Paris – so groß war die Nachfrage der feinen Leute nach dem feinen Stoff!

Digitaldruck

Zwei Digitaldruckverfahren spielen bei der derzeitigen rasanten technischen Entwicklung eine größere Rolle: Beim digitalen → Direktdruck wird ein elektronisch übertragenes Druckmotiv per Plotter auf einen Stoff gespritzt. Diese Technik wird schon länger bei Teppichböden angewendet, funktioniert aber bislang nur auf

Foto: Création Baumann

Digitaldruck

D

→ Chemiefasern wie → Polyamiden. Beim digitalen Transfer wird das Druckmuster per Hitze von einem Spezialpapier auf den Stoff gebracht, was selbst bei → Zellulose-Fasern möglich ist. Auch beim → Siebdruck wird mit digitaler Technik gearbeitet. (siehe Bild links)

Dimitz

Der Dimitz, ein Baumwollstoff, zeigt durch Doppel- oder Dreifachfäden Rippen im Gewebe.

Direktdruck

Beim Direktdruck, einem der gängigsten → Textildruckverfahren, wird der Stoff mit einem direkten Farbaufdruck versehen – im Gegensatz etwa zum → Ätzdruck oder → Dévorant-Druck, bei denen das Muster durch zusätzliche Hilfsmittel oder Techniken hervorgebracht wird. Je nachdem, wie viele Farbtöne und Druckdurchläufe notwendig sind, können hochpreisige Waren mit aufwendigen Druckmustern entstehen.

Dochtgarn

Ein Dochtgarn ist ein ungezwirntes, sehr lose gedrehtes und relativ fülliges Garn. Es ist daher weich und saugfähig – insofern wohl der Vergleich mit einem Docht –, neigt aber je nach Faserrohstoff zum → Pilling.

Dolan®

Dolan® ist der Markenname einer → wollähnlichen → Polyacrylfaser, die für Decken sowie Markisen- und → Dekostoffe verwendet wird.

Donegal

Der Donegal hat seinen Namen von seiner irischen Heimat, einer Grafschaft im Nordwesten des Eilands, die eigentlich Dún na nGall heißt. Dort wurde er ursprünglich aus den typischen Landwollen von Hand gewebt. Den Handwebcharakter hat er bis heute beibehalten: ein → leinwandbindiger Streichgarnstoff aus → Schurwolle, meist mit heller → Kette und dunklem → Schuss und den charakteristischen kleinen weißen oder farbigen Noppen. Donegal kann als → Bezugsstoff und für Dekorationszwecke eingesetzt werden.

Doppelgewebe

Ein Doppelgewebe ist, der Name sagt es schon, ein sehr aufwendiger Stoff aus zwei getrennten Gewebelagen, die jedoch miteinander verbunden sind und in einem einzigen Arbeitsgang am → Webstuhl produziert werden. Doppelgewebe können auf beiden Seiten unterschiedliche Farben oder Musterungen haben. Die Verbindung von Ober- und Untergewebe kann durch die → Bindung oder durch den sogenannten Warenwechsel hergestellt werden, bei dem die Gewebe einander durchkreuzen und mal das eine, mal das andere oben liegt. Zu den Doppelgeweben zählen auch der → Cloqué und der → Matelassé.

Doubleface

Auch der Doubleface gehört zu den → Doppelgeweben. Der englische Begriff heißt übersetzt so viel wie „Doppelgesicht“ – und genau das hat er auch, denn verschiedene Farben oder Muster auf den beiden Gewebeseiten rechtfertigen seinen Namen. Jede der beiden Seiten kann als → Schauseite, also als rechte Warenseite, angesehen werden. Häufig wird der Doubleface aus → Wolle, zum Beispiel als → Loden, produziert. Beim sogenannten „echten Doubleface“ kann man die beiden Gewebelagen voneinander trennen, beim „falschen“ nicht.

D

Doupion-Seide

Doupion-Seide heißen genau genommen nur diejenigen → Seidenstoffe, die aus Fäden von Doppelkokons gewebt wurden und kleine Unregelmäßigkeiten haben, obwohl sie aus Maulbeerseide und nicht aus → Wildseide bestehen. Es kommt jedoch vor, dass auch die geflammten → Shantung-Seiden so bezeichnet werden.

Dowlas

Das Dowlas – vereinzelt findet man auch noch die veraltete Schreibweise Daulas – wird auch als „Irisch Leinen" bezeichnet, obwohl es meist aus Baumwolle besteht: ein feines, → leinwandbindiges, gebleichtes Gewebe, oft → appretiert und matt glänzend → kalandert. Verwendet wird es hauptsächlich im Bettwäschebereich.

Dralon®

Dralon® ist der Markenname einer → Polyacrylfaser, die im → Trockenspinnverfahren hergestellt wird und die es in über 200 verschiedenen Versionen gibt.

Draperie

Draperie nennt man in Frankreich und weltweit den kunstvoll gestalteten → Faltenwurf von → Dekostoffen, hauptsächlich bei → Vorhangdekorationen an Fenstern und Türen. Mit „Draperie à l'antique" meint man speziell einen seitlichen Faltenwurf. (siehe Bild rechts)

Dreher

Der Dreher ist ein Stoff mit einer speziellen → Bindungstechnik, für die auch eine eigene Vorrichtung am → Webstuhl erforderlich ist, das sogenannte Drehergeschirr mit Dreherlitzen. Es handelt sich um die einzige Webbindung, bei der → Kettfäden einander umschlingen. So entstehen hauptsächlich → Gardinenstoffe, also feine, durchbrochene, gitterartige Gewebe wie etwa → Marquisette. Da sich die Kettfäden nicht völlig umeinanderdrehen, sondern nur seitlich hin- und herwandern, spricht man auch von → Halbdreher.

Drell

Der Drell wird auch Drillich oder Zwillich genannt. Er gehört zu den Strapazierstoffen: dicht, fest, → köperbindig. Meist wird er aus → Baumwolle, → Leinen, → Halbleinen oder → Chemiefasern gewebt. Sein Haupteinsatzgebiet waren lange Zeit Matratzenbezüge, weshalb man auch oft von Matratzendrell spricht.

Druckverfahren

Es gibt viele Druckverfahren, um Farbe auf den Stoff zu bringen. Von Hand funktioniert es heute beim → Modeldruck oder → Blaudruck, einem sogenannten → Reservedruckverfahren, noch genauso wie einst. Zu den maschinellen Drucktechniken gehören der → Ätzdruck, der → Dévorant-Druck, der → Direktdruck sowie der → Pflatschdruck. Letztere können als Hochdruck- oder Tiefdruck mit Walzen oder Rouleaux, als Orbisdruck mit festem Farbstoff, als → Siebdruck beziehungsweise → Film- oder Rotationsfilmdruck oder auch als Transferdruck ausgeführt werden. Eines der jüngsten Druckverfahren ist der → Digitaldruck.

dtex

dtex ist die Einheit des → Titers, der internationalen Feinheitsbezeichnung für Garne. Mit dtex (sprich: dezitex) wird angegeben, wie viel Gramm ein genau 10000 Meter langer Faden des betreffenden Garnes wiegt. Bei einem

Foto: Pierre Frey

Draperie

D

Garn von beispielsweise 2 dtex wiegen also 10000 Meter zwei Gramm.

Duchesse

Die Duchesse, im Französischen die „Herzogin“, ist ein schwerer → Kett-Atlas aus → Seide. Ein absolutes Edelgewebe mit glänzender Vorderseite und matter → Abseite.

Duck

Duck nennen die Engländer das → Segeltuch.

Dunova®

Dunova® ist der Markenname für eine Faser aus → Polyacryl, die zu den saugfähigen → Absorbic-Fasern gehört und hauptsächlich sowohl für Möbelvelours als auch Matratzenstoffe verwendet wird.

Duplex-Druck

Beim Duplex-Druck, der Name verrät es schon, wird ein Stoff auf beiden Seiten bedruckt. Es handelt sich um ein aufwendiges → Direktdruckverfahren. Der Stoff hat dann zwei → Schauseiten und keine → Abseite.

Duvetine

Der Duvetine, abgeleitet vom französischen „duvet“ für „Flaum“, ist ein Stoff mit vielen Namen: → Velveton, Pfirsichhaut, „peau de pèche“, Deutsch-Leder, Englisch-Leder und Rausamt. Alle meinen denselben Stoff, nämlich jenes streichelweiche, aber strapazierfähige → Baumwollgewebe, dessen Oberfläche durch → Anrauen richtiggehend samtig geworden ist. Hin und wieder kommt auch Duvetine aus → Chemiefasern vor.

Embrasse

Foto: Sahco

E

Edelhaar

Edelhaar nennt man besonders wertvolle Tierhaare beziehungsweise → Wollen, die nicht vom Schaf kommen, also → Alpaka, → Angora, → Cashgora, → Guanako, → Kamelhaar, → Kaschmir und → Vikunja. Auch das → Rosshaar wird aufgrund seiner herausragenden Eigenschaften zu den Edelhaaren gezählt, obwohl es natürlich in puncto Feinheit in keiner Weise mit den anderen vergleichbar ist.

Effektgarn

Mit einem Effektgarn kann man einem Gewebe oder auch → Gewirke eine besondere Optik und → Haptik verleihen, ohne dafür → bindungstechnisch einen großen Aufwand betreiben zu müssen. Effektgarne haben zum Beispiel Noppen, Schlingen oder sind geflammt, bestehen aus verschiedenfarbigen Fasern oder aus einer → Mélange von glänzenden und matten Materialien. Typische Effektgarn-Gewebe sind etwa → Bouclé, → Chenille, → Frotté, → Mélangen und → Moulinés.

Effilé

Als Effilé, das französische Wort für „ausgefranst", bezeichnet man eine → Borte mit Fransen- oder Schlingenkante.

Egrenieren

Egrenieren, abgeleitet vom französischen „égrener" für „entkernen", nennt man das Ablösen der → Baumwollfasern von den eigentlichen Samenkörnern. Früher wurde das von Hand gemacht, heute gibt es Egreniermaschinen.

Einlaufen

Das Einlaufen, also das Schrumpfen beim Waschen, ist eine Eigenschaft insbesondere von Stoffen aus → Zellulose-Fasern, also → Baumwolle, → Leinen, → Modal, → Ramie, → Viskose. Durch chemische oder mechanische → Ausrüstung, zum Beispiel → Sanfor®, kann man das Einlaufen auf unter ein Prozent reduzieren – bei Rohwaren kann es sonst bis zu zehn Prozent ausmachen. → Wolltextilien können nur durch eine Antifilz-Ausrüstung wie → Superwash einlaufsicher gemacht werden – und auch dann nur bis zu einer Waschtemperatur von maximal 40 Grad Celsius.

Eisenbahnplüsch

Als Eisenbahnplüsch bezeichnete man früher einen bestimmten Möbelvelours, der in der sogenannten Petzold-Bindung gewebt wurde. Sein → Flor richtete sich auch bei starker Strapazierung immer wieder auf, weshalb dieser Velours eben vielfach für die Ausstattung von Eisenbahnwaggons verwendet wurde.

Elastan

Elastan, eine → Chemiefaser aus 85 Prozent segmentiertem Polyurethan, gibt Stoffen Elastizität. Sie kann um 400 bis 700 Prozent gedehnt werden und springt sofort wieder nahezu in die ursprüngliche Länge zurück. Kurzzeichen: EA oder EL

Emblem

Ein Emblem kann ein Wappen, ein Ornament oder auch ein → Monogramm sein. Embleme werden häufig aufgestickt oder in → Jacquardtechnik in Stoffe eingewebt.

Embrasse

Die Embrasse, von „embrasser" für „umarmen", ist der französische Begriff für → Raffhalter. (siehe Bild links)

E

Emission
Emission heißt das Ausströmen luftverunreinigender und unter Umständen auch gesundheitsschädigender Inhaltsstoffe an die Umwelt.

Endkontrolle
Die Endkontrolle zeichnet jede bessere Weberei aus: Auf großen, durchleuchteten „Warenbeschautischen" werden die Gewebe genau auf Fehler überprüft und gegebenenfalls ausgesondert beziehungsweise repariert.

Endlosfasern
Endlosfasern sind → Filamentfasern.

Englisch-Leinen
Beim Englisch-Leinen handelt es sich um → Leinen oder → Halbleinen, das mit üppigen Blumenmustern bedruckt ist. Solche klassischen → Dessins entstanden etwa ab Mitte des 19. Jahrhunderts durch die immer größere Beliebtheit des englischen Landhausstils.

Entflammbarkeit
Die Entflammbarkeit von Fasern und Stoffen wird mit verschiedenen Tests untersucht und genau klassifiziert. Sie spielt zum Beispiel eine wichtige Rolle bei der Entscheidung, ob eine Ware für den → Objektbereich tauglich ist oder nicht, denn dafür wird laut DIN 4102 B1 → Schwerentflammbarkeit gefordert.

Entredeux
Entredeux, übersetzt „zwischen zweien", ist der französische Begriff für sogenannte „Einsatzspitze", die zwischen glatte, nicht durchbrochene Stoffbahnen eingenäht wird, zum Beispiel bei Tisch- oder Bettwäsche.

Epinglé
Der Epinglé gilt als einer der strapazierfähigsten, langlebigsten → Bezugsstoffe überhaupt. Er hat einen → Flor aus dichten, kleinen Schlingen. Hergestellt wird er praktisch wie der Rutensamt, indem die → Kettfäden beim Weben über Drahtstäbe in Schlingen gelegt werden, nur dass diese dann eben nicht aufgeschnitten werden. Epinglé wird meist als → Schurwoll- oder → Baumwoll-Qualität angeboten. (siehe Bild rechts)

Erbstüll
Als Erbstüll bezeichnet man gröbere → Tüllwaren mit fast runden Löchern.

Étamine
Die oder das Étamine (es gibt auch die deutsche Schreibweise Etamin) ist ein leichtes, durchsichtiges Gewebe, das in → Leinwand- und → Dreherbindung gewebt wird. → Baumwolle oder → Viskose sind die klassischen Fasern, aus denen der gitterartig durchbrochene Stoff hergestellt wird.

Eulan®
Eulan® ist eine Chemikalie, mit der → Schurwoll-Textilien gegen Mottenbefall geschützt werden. Sie wird auch bei Produkten aus → Edelhaar angewendet.

Everglaze®
Bei Everglaze® handelt es sich um eine geschützte Markenbezeichnung und den Namen für ein knitterfreies, schmutzabweisendes Gewebe, dessen Oberfläche mit Kunstharz imprägniert ist.

Foto: Manuel Canovas / Colefax and Fowler

Epinglé

F

Façonné

Der Façonné hat seinen Namen vom französischen Wort für „gemustert“ – er ist der typische „Webmüsterchen-Stoff“, der sein Aussehen kleinrapportigen → Bindungsmustern verdankt.

Fadengerade

Der Begriff „fadengerade“ ist beim Zuschnitt von Stoffen wichtig: Ein Schnittbogen liegt dann fadengerade auf dem Gewebe, wenn seine Längsachse exakt parallel zu den → Kettfäden, im sogenannten → Fadenlauf, verläuft. Um eine fadengerade Schnittkante zu erhalten, zieht man einen Faden aus dem Stoff und schneidet entlang der entstandenen Linie. Auch gerissene Bahnenkanten sind praktisch fadengerade.

Fadenlauf

Mit Fadenlauf meint man den Verlauf der Fäden im Gewebe, und zwar in der Regel den der → Kettfäden, also in Längsrichtung.

Faden-Store

Der Faden-Store ist eine meist abgepasste Gardine, bei der Fäden längs lose nebeneinander herunterhängen, also nicht verwebt sind. Er lässt sich daher an jeder Stelle öffnen. (siehe Bild rechts)

Fade-out-Effekt

Vom Fade-out-Effekt spricht man bei Stoffen, deren Färbung bewusst so angelegt ist, dass die Farben mit jedem Waschen und auch durch Lichteinwirkung immer blasser werden.

Fake-Fur

Fake-Fur ist der englische Begriff für einen „falschen Pelz“, gemeint ist der → Webpelz.

Falbeln

Falbeln nannte man die dicht gefältelten → Besätze, die im 17. und 18. Jahrhundert an Bekleidung wie auch → Vorhängen und Bezügen üblich waren.

Fallblatt

Fallblatt ist ein anderes Wort für → Schabracke.

Fallblech-Gardine

Die Fallblech-Gardine zeigt auf ihrem transparenten Fond eine erhabene, stickereiartige Musterung. Sie gehört zu den → Raschelwaren, die Raschelmaschine benötigt hierfür aber eine Fallblech-Einrichtung, die die Musterfäden mithilfe eines Blechs → flottierend einbindet.

Fallschirmseide

Die Fallschirmseide, auch Ballonseide genannt, ist ein sehr dichter, leichter Funktionsstoff aus → Seide oder → Synthetics in → Leinwandbindung. Das Gewebe kommt im Sport, aber auch im Outdoor-Bereich bei Zelten oder Hängematten und im Interieur als Dekostoff zum Einsatz.

Falten

An Textilien sind Falten Schmuck und zugleich auch eine elegante Möglichkeit, einer Stoffbahn Weite zu verleihen. Neben den einfachen, zickzackartig gelegten Falten unterscheidet man vor allem die durch Fadenzug eingereihten Kräuselfalten, die symmetrisch gelegten → Quetsch- oder → Doppelfalten und die nach innen gelegten Kellerfalten.

Faltenband

Faltenband ist ein anderer Ausdruck für → Gardinenband.

Foto: ADO

Faden-Store

Foto: JAB Anstoetz

Faltrollo

Faltrollo

Das Faltrollo wird deshalb so genannt, weil es sich beim Hochziehen nicht aufrollt, sondern stattdessen in waagerechte → Falten legt. (siehe Bild oben)

Fancycord

Der Fancycord, ein → Cord mit verschieden breiten Rippen, wird auch Fantasiecord genannt, denn „Fancy-..." bedeutet als Kurzbegriff im Englischen so viel wie „Fantasie-...".

Farbechtheit

Die Farbechtheit eines Stoffes garantiert, dass seine Farben weder am Tageslicht verblassen noch durch Reibung Schaden nehmen oder sich durch Wasser und Alkalien auswaschen lassen. Bei manchen Textilien wird mit der Farbechtheit zugleich auch eine Unempfindlichkeit gegenüber Säuren garantiert.

Färberwaid

Färberwaid ist der Name einer gelb blühenden Färbepflanze, die früher auch einfach Waid genannt wurde und mit der man blau färben kann. Auch ihre lateinische Bezeichnung Isatis tinctoria weist darauf hin. Der bis zu einem Meter hohe Färberwaid wurde im

F

östlichen Mittelmeerraum angebaut und war in Europa sehr begehrt, bis das intensivere und haltbarere → Indigo ihm den Rang ablief.

Farbphysiologie

Die Farbphysiologie ergänzt die → Farbpsychologie, indem sie gezielt die Auswirkungen von Farben auf körperliche Empfindungen oder Vorgänge erforscht, auch und vor allem in medizinischer Hinsicht. Zum Beispiel weiß man mittlerweile, dass die Farbtöne der Rot-Gelb-Skala als warm empfunden werden, während die Nuancen der Blau-Skala als kalt oder abkühlend wahrgenommen werden. Auch solche Erkenntnisse können bei der Inneneinrichtung in die Überlegungen für eine entsprechende Stoffauswahl einbezogen werden.

Farbpsychologie

Die Farbpsychologie befasst sich mit der Wirkung von Farben auf unser Gefühlsleben. Sie erforschte zum Beispiel, dass Rot anregend bis sogar alarmierend wirken kann, Blau dagegen eher beruhigend, Grün entspannend oder erfrischend und Gelb erheiternd. Dieses Wissen lässt sich gerade in der Wohnraumgestaltung mit Textilien gezielt anwenden, um die jeweils gewünschten Stimmungen durch Stoffe in den entsprechenden Farbtönen zu erzeugen oder zumindest zu fördern.

Faux

Der Begriff Faux oder auch Fausse, was beides im Französischen so viel wie „falsch" im Sinne von „unecht" bedeutet, wird bei Textilien gebraucht, um Stoffe zu bezeichnen, die eben „nicht so ganz echt" sind. So ist der Faux Uni zum Beispiel nur scheinbar unifarben. Bei genauerem Hinsehen erkennt man, dass sich sein Farbton aus Garnen in verschiedenen Nuancen zusammensetzt. Der Faux Piqué imitiert nur den echten → Piqué. Und Fausse Fourrure, im Englischen → Fake-Fur, bedeutet → Webpelz.

Felt

Felt ist der inzwischen oft benutzte englische Begriff für → Filz. (siehe Bild unten)

Feston-Stickerei

Die Feston-Stickerei leitet sich vom italienischen „festone" beziehungsweise dem französischen „feston" her, was beides „Festgirlande" bedeutet. Die Bogenkante, gleich einer Girlande, ist denn auch das Kennzeichen dieser Stickerei. Oft wird sie Ton in Ton etwa als → Weißstickerei, an Tisch- und Bettwäsche, aber auch an Gardinen ausgeführt. Der sogenannte → Feston-Stich wird dabei dicht an dicht gesetzt. Er ist identisch mit dem Saum- beziehungsweise → Knopfloch-Stich.

Filament

Ein Filament ist eine Endlosfaser, im Unterschied zu natürlichen → Stapelfasern wie →

Foto: Sahco

Felt

F

Fischgrat

Baumwolle oder den als → Spinnfasern produzierten → Chemiefasern. Filamentfasern gibt es nur bei Chemiefasern und → Seide. Übrigens: Die endlose Seidenfaser war das Vorbild für alle Chemiefasern, die später als Filament ausgesponnen wurden.

Filet

Filet, das französische Wort für „Netz“, bezeichnet netzartige Stoffe mit quadratischen Löchern. Sie können auf ganz unterschiedliche Weise hergestellt werden: Als Bahnenware mit der Netzknüpfmaschine oder als Besatzspitze von Hand mit Filetnadel und → Klöppel. Das handgearbeitete Filet nennt man „echt Filet“. In der Regel wird der Netzgrund zusätzlich noch mit Mustern bestickt.

Filmdruck

Filmdruck ist eine andere Bezeichnung für → Siebdruck.

Filz

Der Filz ist der älteste und erste Stoff der Menschheit, er wurde schon in prähistorischer Zeit „erfunden“. Die Mongolen stellen den legendenumwobenen → Wollfilz heute noch genauso von Hand her, wie auch die ersten Filze gemacht wurden. Und selbst die industrielle Fertigung basiert auf demselben uralten Prinzip: Man nutzt die Eigenschaft der Wollhaare, durch Druck, feuchte Hitze und Reibung zu verfilzen. In einer langen → Walkprozedur entsteht unter Einwirkung dieser Kräfte der strapazierfähige und ausgesprochen wärmende Filz. Er ist also kein Gewebe, sondern ein → Vlies. Gegen Ende des 20. Jahrhunderts haben → Designer den Urstoff wiederentdeckt: als → Bezugsstoff, etwa bei Entwürfen von Ron Arad oder Gaetano Pesce, als Teppich sowie als Avantgarde-Material für Kissen, Tagesdecken, Tischdecken, Lampenschirme und Vorhänge. Es gibt auch Filze aus → Chemiefasern. Übrigens: Im Althochdeutschen hieß Filz noch „grobes Tuch“.

Finette

Die Finette ist ein feiner → Baumwoll-Flanell, hauptsächlich für Bettwäsche, der → köperbindig gewebt und auf der linken Seite → aufgeraut wird.

Finish

Mit Finish, dem englischen Wort für „vollenden“, bezeichnet man heute zum Teil → Ausrüstungsverfahren, die die Optik oder → Haptik eines Stoffes betreffen. So spricht man beispielsweise anstelle von → Aufrauen auch von einem Flausch-Finish.

Fischgrat

Als Fischgrat oder Fischgrät bezeichnete Stoffe

F

werden in → Köperbindung mit regelmäßig wechselnder Gratrichtung gewebt. So entsteht ein rippenartiges Webmuster, das den Gräten in einem Fischskelett gleicht. (siehe Bild links)

Flachgewebe

Von Flachgewebe spricht man bei allen Geweben ohne → Flor. Aber immer wieder werden so auch Gewebe genannt, die von einem Flachwebstuhl mit waagerecht, also flach verlaufender → Kette kommen, im Gegensatz zu den → Hochgeweben von einem → Hochwebstuhl mit senkrecht verlaufender Kette. Letztere werden im Französischen als → Hautelisse bezeichnet.

Flachs

Flachs nennt man die → Leinpflanze, aus deren Stängeln man die langen, blonden Fasern für die Leinenherstellung gewinnt. Und zwar ab dem Zeitpunkt, wenn sie ihre grüne Farbe verliert und bräunlich wird, also etwa ab der Erntezeit. Egal ob Flachs oder Lein: Es handelt sich um eine der ältesten und universellsten Nutzpflanzen. Angebaut wurde und wird sie auch wegen ihrer Früchte, der Leinsamen. Sie haben darmpflegende medizinische Wirkungen und liefern zugleich das wertvolle Leinöl, das seinerseits nicht nur sehr gesundheitsfördernd ist, sondern auch Basisstoff für Firnisse, Kitt und Linoleum. Kurzzeichen: LI

Flammé

Flammé bezeichnet Gewebe mit einer dekorativ strukturierten Oberfläche, die durch die Verwendung von → Flammenzwirn oder -garn hervorgerufen wird.

Flammenzwirn

Den Flammenzwirn stellt man aus unregelmäßig ausgesponnenen Garnen her. Noppenähnliche, längliche Verdickungen lassen ihn wie „geflammt" aussehen. Die Flammen können auch andersfarbig wie das übrige Garn sein.

Flammhemmende Ausrüstung

Eine flammhemmende Ausrüstung, die also die Brennbarkeit von Textilien reduziert, ist Bedingung dafür, dass die Stoffe im → Objektbereich verwendet werden dürfen. Sie ist nicht immer dauerhaft. Sogenannte flammhemmende Fasern dagegen fallen unter die Kategorie → schwer entflammbar.

Flanell

Flanell ist ein weicher Stoff, meist aus → Baumwolle oder → Schurwolle in → Leinwand- oder → Köperbindung gewebt und auf einer oder beiden Seiten etwas aufgeraut. Wollqualitäten werden zusätzlich gewalkt. Klassisch sind sie als → Mélange im typischen Flanellgrau. Flanelle sind leicht, aber dennoch wärmend und saugfähig. (siehe Bild unten)

Foto: Fine

Flanell

F

Fleckschutz-Ausrüstungen

Zu den Fleckschutz-Ausrüstungen zählen → Baygard®, → Scotchgard® und → Teflon®. Auch das sogenannte → Wachstuch ist ein fleckgeschützer Stoff.

Flockprint

Der Flockprint hat → samtartige Muster, die nicht eingewebt, sondern durch → Beflocken aufgebracht werden. (siehe Bild unten)

Flockefärbung

Von Flockefärbung spricht man, wenn Fasern bereits vor dem Verspinnen gefärbt werden, also solange sie noch als „Flocke" vorliegen. Mischt man anschließend zum Spinnen Fasern verschiedener Nuancen, entstehen → Mélange-Garne.

Flockprint

Flor

Flor oder → Pol heißt, genau wie bei Teppichen, die sozusagen dritte Dimension bei den → Veloursstoffen, nämlich die aufrecht stehenden Garnenden oder Polfäden, die die typisch → samtige Oberfläche ausmachen. Übrigens: Das Wort „Flor" ist historisch gesehen eine niederländische Abwandlung des französischen „velours". (siehe Bild rechts)

Florentiner Tüll

Der Florentiner Tüll ist ein bestickter → Tüll. Ursprünglich wurde er von Hand bestickt, heute macht das die Pantografen-Stickmaschine.

Florett-Seide

Florett-Seide ist eine andere Bezeichnung für → Schappe-Seide.

Florgewebe

Florgewebe heißen im Gegensatz zu den → Flachgeweben alle Stoffe mit einem gewebten → Flor. Also alle Arten von gewebten → Samten sowie → Cord und → Epinglé.

Flottieren

Von Flottieren oder Flottung spricht man, wenn Fäden beim Weben von einer Einbindung zur nächsten über eine Distanz offen, also „flott" liegen. Die → Lancierung beim → Lancé ist genau dasselbe, die Lancierfäden flottieren ebenfalls von einem Lanciermuster zum nächsten.

Freihanddekoration

Mit Freihanddekoration meint man eine Fensterdekoration aus einem Stoffschal, der per Hand über eine → Vorhangstange → drapiert wird. Ohne die Verwendung von → Gardinenband und Ringen oder dergleichen

Foto: Création Baumann

Flor

F

Foto: Luiz

Frottee

kann so dennoch eine Dekoration mit Bogen oder Schärpen und seitlichen Schals entstehen. Sie bleibt jedoch fix, man kann sie nicht auf- und zuziehen.

Fresko

Der Fresko ist ein feiner, luftdurchlässiger und → leinwandbindiger Stoff aus relativ hart gedrehten → Zwirnen, noch etwas dichter als der → Tropical. Besonders hochwertiger Fresko wird aus → Woll-Kammgarnen gewebt.

Frisé

Der Frisé, französisch für „gekräuselt", ähnelt dem → Frottee. Er wird jedoch meist aus → Chemiefasern als feiner → Dekostoff gewebt. Ausgangsmaterial ist der bereits gekräuselte Frisé-Zwirn.

Frottee

Der Frottee, auch Frotté, aus dem Französischen von „frotter" für „reiben", ist das typische Gewebe für Badtextilien. Durch den eigens dafür verwebten Schlingenzwirn mit Schleifen- und Ringeleffekten bekommt er beidseitig eine fast → florartige Oberfläche aus vielen wirren Schlingen. Das macht ihn sehr saugfähig, besonders wenn er aus → Baumwolle hergestellt wird, und bringt den erwünschten Reibungseffekt. (siehe Bild links)

Frottierware

Frottierware sieht auf den ersten Blick zwar ähnlich wie → Frottee aus und besteht ebenfalls meist aus → Baumwolle, aber die Schlingen auf beiden Seiten entstehen durch die Webtechnik, ähnlich wie beim → Samt. Schneidet man die Schlingen auf, erhält man den besonders hochwertigen Frottiervelours. Wegen der in Deutschland geläufigen Bezeichnung Frottee für Frottierware wird diese häufig mit dem Frottee verwechselt.

Fungizide Ausrüstung

Unter fungizider Ausrüstung versteht man eine chemische Behandlung von Textilien, um sie vor Pilzbefall zu schützen.

Futterstoff

Futterstoffe sorgen vor allem bei → Vorhängen aus leichten Textilien für einen schweren Fall und mehr Haltbarkeit. Daneben verstärken sie den Sonnenschutz der Textilien, wirken schalldämmend und wärmeisolierend.

Gabardine

Der Gabardine wird, egal aus welchen Fasern, immer in → Köperbindung gewebt. Es handelt sich um einen feinfädigen, dicht eingestellten Stoff mit klar erkennbaren, steilen → Graten, der sich durchaus als → Bezugsstoff eignet. Als „echter" Gabardine gilt der gleichseitige, vierschäftige Köper, dessen Grat von links unten nach rechts oben verläuft.

Galon

Galon ist der französische Ausdruck für → Borte beziehungsweise → Litze. Im Deutschen sagt man meist die Galone und bezeichnet damit insbesondere Gold- oder Silbertressen.

Gardinenband

Das Gardinenband erfüllt zwei Zwecke gleichzeitig: Zum einen legt es Gardinen oder → Vorhänge in → Falten und zum anderen ermöglicht es die Aufhängung mit Ringen oder Gleitern, die in die eingewebten Schlaufen eingehängt werden können. Es wird oben an der Rückseite der Bahn angenäht. Zieht man die eingearbeiteten Zugkordeln an, wird der Stoff angekräuselt oder je nach Ausführung in regelmäßige Falten gelegt.

Gardinensockel

Gardinensockel nennt man den unteren Rand einer Gardinenbahn. Er kann beispielsweise eine mehr oder weniger breite eingewebte Musterung aufweisen oder mit → Applikationen, → Spitzen, → Posamenten oder Stickerei verziert werden.

Gardinenstoff

Mit Gardinenstoff meint man in der Regel ein leichtes, transparentes oder zumindest halbtransparentes Gewebe beziehungsweise auch → Gewirke, wie zum Beispiel → Voile, → Ausbrenner, → Inbetween, → Etamin, → Madras, → Marquisette oder → Tüll. (siehe Bild unten)

Garnfärbung

Bei der Garnfärbung wird im Gegesatz zur → Flockefärbung erst das fertig gesponnene Garn, also als Faden, gefärbt. Dies kann im Strang oder auf Konusspulen geschehen und ergibt sehr gleichmäßige Färbungen. Wenn das Garn aus unterschiedlich gut anfärbbaren Fasern besteht, entstehen → Mélange- oder → Mouliné-Effekte.

Gaufrage

Die Gaufrage ist eine Methode, Stoffe mit Prägemustern zu versehen. In diesem Begriff steckt noch das französische „gaufre" für die „Waffel", die ja typischerweise auch eine Prägung hat. Überwiegend werden → Mohairvelours und andere → Samte gaufriert, man nennt sie dann → Prägevelours. Eine → Kalanderwalze prägt das Muster mit großem Druck

Foto: Sahco

Gardinenstoff

und Hitze dauerhaft in den Flor ein. Die so behandelten Stoffe nennt man auch Gaufrés.

Gaze

Die Gaze ist ein Hauch von Stoff: zart und weich, mit netz- oder → mullartig durchbrochenem Charakter. Meist wird sie aus → Baumwolle, seltener auch aus → Leinen oder → Synthetics gewebt, und zwar in sehr loser → Leinwand- oder → Dreherbindung.

Gebrauchslüster

Gebrauchslüster ist ein eleganteres Wort für den sogenannten → Sitzspiegel, der auf Polstermöbeln mit → Veloursbezug entstehen kann. Bei sehr intensivem Gebrauch oder minderwertiger Stoffqualität legt sich der → Flor an der Stelle, an der man darauf sitzt, mit der Zeit flach und sie beginnt deshalb in unerwünschter Weise zu glänzen.

Geflammt

Geflammt nennt man einen Faden oder → Zwirn, der in Abständen längliche Noppen hat, die auch andersfarbig wie die übrigen Fasern sein können. Außerdem spricht man auch bei → ikatartigen Stoffdessins von einer geflammten Musterung. (siehe Bild rechts)

Gelegter Velours

Beim gelegten Velours steht der → Flor nicht wie sonst aufrecht, sondern wird nach dem Weben in einer Richtung flach gelegt. Ein sogenannter → Polrotor walzt mit Hitze über den Stoff und legt die Florfäden um. Der gelegte Velours hat also einen → Strich und glänzt deshalb edel. Auch der → Panné-Samt zählt zu den gelegten Veloursgeweben beziehungsweise → -gewirken, wenn es sich um eine gewirkte Qualität handelt.

Genua-Cord

Der Genua-Cord ist ein schwerer → Cordsamt mit relativ breiten Rippen. Er wird auch → Manchester genannt. Die meist → baumwollartige und hart → ausgerüstete Qualität gibt einen strapazierfähigen Bezugsstoff ab.

Genua-Samt

Der Genua-Samt gehört zu den Juwelen der Webkunst. Man bezeichnet ihn auch als Genueser Samt oder „Velours de Gênes“, was alles auf seine Heimatstadt Genua hinweist. Dort brachten die Samtweber des 18. Jahrhunderts erstmals das Kunststück fertig, einen gemusterten Samt zu fabrizieren, bei dem, umgekehrt wie sonst, der → Flor nur den Fond bildet, während das eigentliche Muster in glänzend glatter → Satinbindung erscheint. Der aufwendige und deshalb sehr teure Stoff mit dem raffinierten Licht- und Schattenspiel wurde dazu auch noch aus reiner → Seide gewebt und war nur für Fürsten und Kirchenfürsten

Foto: Pierre Frey

Geflammt

erschwinglich. Gegen Ende des 20. Jahrhunderts war der Genua-Samt in Europa fast völlig aus den Stoffkollektionen verschwunden. Inzwischen erlebte er, sozusagen als „antike Nouveauté“, eine Renaissance und wird wieder produziert – hauptsächlich in norditalienischen Webereien, die das alte Wissen um seine Herstellung noch besitzen.

Gerstenkorn

Gerstenkorn heißt eine bestimmte → Bindung, die sich von der → Leinwandbindung herleitet. Charakteristisch sind regelmäßige, sich kreuzende kurze → Flottierungen von → Kett- und → Schussfäden. Sie wirken wie kleine Körnchen im Gewebe, daher der Name. Weil sie einen verstärkten Scheuereffekt im Gewebe bewirken, wird die Gerstenkornbindung traditionell bevorzugt für Scheuer- und Handtücher eingesetzt.

Gewebebild

Mit Gewebebild ist die Optik von Textilien gemeint, die je nach Bindungsart, also z. B. → Atlas-, → Köper- oder → Leinwandbindung, sowie der Dichte von → Kette und → Schuss unterschiedlich ausfällt.

Gewebetapete

Unter einer Gewebetapete versteht man eine Papiertapete, auf die ein Gewebe aufkaschiert wurde. Häufig wird dies mit → Leinen- oder → Ramiegeweben gemacht, aber auch die kostbaren → Seidentapeten entstehen auf diese Weise. (siehe Bild oben rechts)

Gewirke

Ein Gewirke ist ein durch → Wirken hergestellter Stoff. Eigentlich handelt es sich also um einen Strickstoff, da Gewirke nicht gewebt,

Gewebetapete

sondern von einer mechanischen Strickmaschine erzeugt werden. Sie sind dehnbar, elastisch und schmiegsam. Ein typisches Gewirke ist beispielsweise → Jersey. Auch bei → Gardinenstoffen machen die gewirkten Qualitäten bzw. kettengewirkte → Raschelwaren den Löwenanteil aus.

Gimpe

Die Gimpe gehört zu den → Posamenten. Es handelt sich um eine feine Zierschnur, für die eine relativ minderwertige → Seele aus beispielsweise → Jute- oder → Baumwollgarn dicht mit hochwertigem Material wie → Seide oder Metallfäden umwickelt wird.

Gimpen-Borte

Für die Gimpen-Borte wird ein Band mit → Gimpen verziert, die in Form von kleinen Schlingen oder Blüten aufgenäht werden. Die Gimpen-Borte wird traditionell an Polstermöbeln angebracht, um Nagelleisten zu

Glencheck-Karo

kaschieren beziehungsweise einen dekorativen Abschluss herzustellen.

Gingham

Der Gingham, auch Gingan genannt, ist ein schlichter → Baumwollstoff in → Leinwandbindung mit eingewebtem → Karo.

Gitterleinwand

Gitterleinwand ist ein anderes Wort für → Canevas.

Gittertüll

Gittertüll nennt man einen → Tüll mit quadratischen Löchern. Er wurde ursprünglich als → Bobinet-Tüll auf der Bobinetmaschine hergestellt, heute handelt es sich jedoch in der Regel um → Raschelware. Gittertüll ist meist stark → appretiert und findet hauptsächlich als luftigleichter Gardinenstoff Verwendung.

Glacé

Als Glacé (es gibt auch die Schreibweise Glacee) bezeichnet man edel glänzende und → changierende Gewebe, meist aus → Seide oder Kunstseide. Früher wurden die sprichwörtlich gewordenen Glacéhandschuhe daraus genäht. Gewählt wurde der Begriff, weil er im Französischen so viel wie „geeist", „glasiert" oder „glänzend" bedeutet.

Glasfaser

Für Glasfasern, nämlich fadenförmige, anorganische → Chemiefasern, wird Spezialglas geschmolzen, das danach aus Düsen bei hoher Geschwindigkeit zu Endlosfäden gezogen wird. Diese Fäden können versponnen und dann zu unempfindlichen, knitterarmen und vor allem unbrennbaren Stoffen verwebt werden. Das → lichtechte, pflegeleichte Material wird hauptsächlich für → Vorhänge oder → Wandbespannungen verwendet und kommt im → Objektbereich zum Einsatz. Kurzzeichen: GL oder GF

Glasseide

Glasseide oder auch Glasgarn sind veraltete Begriffe für → Glasfaser.

Glencheck-Karo

Das Glecheck-Karo hat seinen Namen von seiner schottischen Herkunft: Als Wahrzeichen trug jeder Clan aus den „glens", den grünen Bergtälern, sein eigenes „check", nämlich → Karo. Typisch für einen Glencheck ist die regelmäßige, symmetrisch angeordnete Farbfolge von → Kette und → Schuss, die das relativ großflächige Karomuster ergibt. Gewebt wird in → Köper-, → Leinwand- oder auch → Panamabindung. Ein klassischer Glencheck ist schwarz-weiß und aus → Schurwolle. Es gibt jedoch zahllose Farbvarianten, meist Ton in Ton, seltener intensivfarbig, und auch hinsichtlich des Fasermaterials vielfältige Abwandlungen. (siehe Bild links)

Gminder Leinen

Das Gminder Leinen ist ein einfarbiger, fester → Baumwollstoff in → Leinwandbindung, ein traditioneller Stickgrund und Handarbeitsstoff.

Gobelin

Der Gobelin, ein edler Bildteppich ohne Flor, hat seinen Namen von der französischen Färberfamilie Gobelin. In deren Pariser Werkstätten entstanden Mitte des 17. Jahrhunderts die ersten handgewebten → Tapisserien in Gobelin-Technik – und zwar als Versuch, aufwendige Stickereien, wie sie damals in Mode waren, zu imitieren. Ähnlich wie bei einem → Kelim wird das Motiv nach einer exakten Vor-

lage, dem sogenannten Karton, Farbfeld für Farbfeld aus verschiedenfarbigen → Schussgarnen aufgebaut. Bei einem echten Gobelin bleibt nur der Schuss – meist aus → Wolle, manchmal auch → Seide – sichtbar. Zwischen den einzelnen Farbflächen können Schlitze bleiben. 1662 machte Louis XIV. die Ateliers zur königlichen Manufaktur. In der Folge erlebten sie eine enorme Blütezeit und brachten viele berühmte Gobelins mit oftmals beeindruckenden Ausmaßen hervor. Heute wird der Begriff Gobelin auch für maschinengewebte → Möbelbezugsstoffe mit aufwendiger → Jacquardmusterung verwendet, die in ihrer Optik ein wenig an die alten Gobelins erinnern.

Gobelin-Stich

Der Gobelin-Stich ist ein einfacher Stickstich. Wenn man ihn dicht an dicht zum Beispiel auf → Canevas setzt, lassen sich mit dieser Gobelin-Stickerei geschlossene Bildflächen erzeugen. Sie erinnern entfernt an die gewebten → Gobelins, daher der Name.

Goldstickerei

Goldstickerei ist eine besonders kostbare Sticktechnik: Mit Gold umwickelte Seidenfäden, gedrehte Goldfäden oder → Lahn gestalten auf Textilien künstlerische Reliefmuster. Eine Technik sind Aufheft- oder Legearbeiten, bei denen Goldfäden zu einem Muster dicht nebeneinander angeordnet und mit Überfangstichen von unten auf dem Stoff fixiert werden.

Grand Foulard

Ein Grand Foulard (es gibt auch die Schreibweise Granfoulard) ist ein typisch französischer Alleskönner. Übersetzt hieße er „großer Schal“: ein riesig dimensioniertes Tuch aus feiner, bedruckter → Baumwolle, groß genug, um es mal als → Vorhang, mal als Tischtuch, mal als Tagesdecke fürs Bett und mal als Sofa- oder Sesselüberwurf zu verwenden. Übrigens heißt „fouler“ auch „pressen“, deshalb werden auch die Maschinen zum → Appretieren, → Imprägnieren und Färben als Foulard bezeichnet.

Grasleinen

Grasleinen ist eine andere Bezeichnung für → Ramie.

Grat

Als Grat bezeichnet man die diagonal verlaufenden, rippenähnlichen Linien in einem → Köper. Je nach der verwendeten Köperbindung kann der Grat steiler oder flacher sein und in S- oder Z-Richtung verlaufen, wie bei Garnen die → S-Drehung oder → Z-Drehung. Im → Fischgrat-Köper wechseln sich S- und Z-Grat regelmäßig ab.

Grège

Grège nennt man einen → Rohseidenfaden, der von drei bis acht Kokons abgehaspelt wird. Es handelt sich also um → Haspelseide. Dieser Faden ist jedoch praktisch nicht gedreht und noch nicht entbastet: Er hält nur durch den Seidenleim zusammen, weshalb man auch von → Bastseide spricht. Rohseidengewebe aus diesen Fäden werden ebenfalls Grège genannt. Obwohl das Wort französisch ist, leitet es sich doch aus dem Italienischen her, wo „greggio“ so viel wie „roh“ oder „unbearbeitet“ heißt.

Grenadine

Die Grenadine ist zunächst ein → kreppartig überdrehter, sehr feiner → Seidenzwirn. Die durchsichtigen, daraus hergestellten Seidenstoffe heißen dann ebenfalls Grenadine. Häufig haben sie dichte → Atlasstreifen. Übrigens:

Der Name Grenadine ist auch für eine schwarze Lyoner Seidenspitze gebräuchlich.

Gros de Tours

Beim Gros de Tours, einem schweren → Seidengewebe in → Leinwandbindung, wird für die → Kette Einfachgarn und für den → Schuss Mehrfachgarn verwendet oder umgekehrt. So entsteht ein feiner Rippeneffekt. Der Name des Stoffes verweist auf die französische Stadt Tours, aus der er ursprünglich stammt.

Grobtüll

Als Grobtüll bezeichnet man einen → Tüll, der aus kräftigen Garnen und mit relativ großen Löchern → gewirkt wird, etwa → Architekten- oder → Erbstüll.

Grubentuch

Das Grubentuch hat ein Streifen- oder Schachbrettmuster. Es wird aus kräftiger → Baumwolle oder → Halbleinen in → Köper- oder → Atlasbindung gewebt. Früher kam es zumeist als Küchenhandtuch in Grau, Blau oder Weiß zum Einsatz.

Guanako

Das Guanako ist ein Wildkamel, das leider nur noch vereinzelt in den Grassteppen Südamerikas lebt und fast völlig ausgerottet wurde. Es gilt als Stammform von → Lama und → Alpaka und hat wie diese ein besonders dichtes Fell. Sein kostbares, feines Haar zählt zu den seltensten → Edelhaaren. Kurzzeichen: WU

H

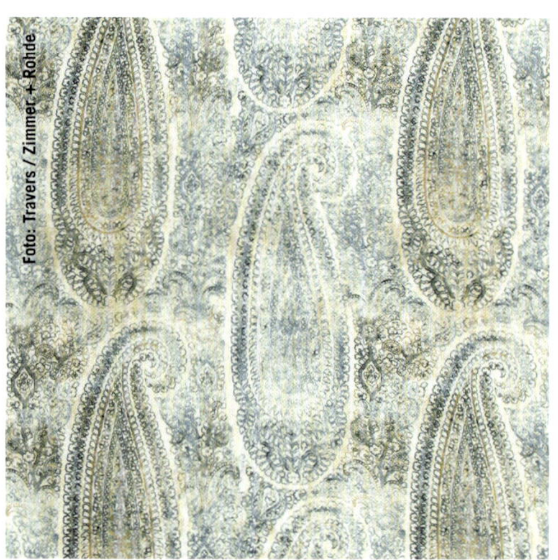

Handdruck

Haargarn

Als Haargarn bezeichnet man Garne aus solchen Tierhaaren, die weder unter den Begriff → Schurwolle noch unter die → Edelhaare fallen, wie etwa → Ziegenhaar.

Haberdashery

Haberdashery kommt aus dem Englischen und heißt übersetzt „Kurzwaren".

Hahnentritt

Der Hahnentritt ist eine → Karomusterung und im Grunde ein markant vergrößertes → Pepita. Gewebt wird er immer in → Köperbindung, klassisch in Schwarz-Weiß. Durch die Köperbindung bilden die → Kett- und → Schussstreifen ein klauenartiges Muster, das in der Tat ein wenig an die Fußspuren von Federvieh erinnert. (siehe Bild rechts)

Häkelgalon-Spitze

Die Häkelgalon-Spitze ist eine Gardinenspitze, die handgehäkelten → Spitzen ähnelt. Sie entsteht jedoch auf der Häkelgalonmaschine, von der sie auch ihren Namen hat. Es handelt sich um eine gröbere, großmaschige Ware, die hauptsächlich für sogenannte → Strukturgardinen infrage kommt. Sie spielt derzeit nur noch eine untergeordnete Rolle, die meisten → Gardinenstoffe sind heute → Raschelwaren.

Häkeltüll

Der Häkeltüll wird genau wie die → Häkelgalon-Spitze auf der Häkelgalonmaschine → gewirkt. Da er ein gröberes Maschenbild zeigt, wird er zu den → Grobtüllen gezählt.

Halbdreher

Halbdreher nennt man ein durchbrochenes Gewebe, das in → Dreherbindung gewebt wird. Es wird so genannt, weil die entsprechenden → Kettfäden ja nicht vollständig, sondern nur halb um einander gedreht werden. Halbdreher kann aus feineren oder gröberen Garnen gewebt werden und kommt hauptsächlich als → Gardinenstoff infrage.

Halbkammgarn

Das Halbkammgarn hat das feine, glatte Aussehen des → Kammgarns und ist doch so bauschig wie ein → Streichgarn, weil es beim Spinnen weniger Kämmprozesse durchläuft.

Halbleinen

Halbleinen ist der geschützte Begriff für Gewebe mit einer → Kette aus reiner → Baumwolle und einem → Schuss aus reinem → Leinen, wobei der Leinenanteil mindestens 40 Prozent des Gesamtgewichts ausmachen muss. Sie haben deshalb die Optik und die positiven Gebrauchseigenschaften sowohl von Baumwolle als auch von Leinen, sind glatt und matt glän-

H

zend, weitgehend fusselfrei, saugfähig, sehr strapazierfähig und gut waschbar. Daher wird die Halbleinenkombination hauptsächlich für Bett-, Bad-, Tisch- und Küchenwäsche verwendet.

Handdruck

Der Handdruck ist das älteste Textildruckverfahren. Die ursprünglichste Technik, nämlich der Druck mit → Modeln aus Holz und Metall, mit denen die Farbe per Hand auf den Stoff gestempelt wird, war zunächst in China und dann in Indien kultiviert und zur Perfektion verfeinert worden. Die ersten Importe solcher bedruckter → Baumwollen im 16. Jahrhundert via → Seidenstraße oder auf dem Seeweg beeindruckten die Europäer derart, dass sie die asiatischen Verfahren sofort adaptierten und bald daraus ihre eigenen Muster und Techniken entwickelten, zum Beispiel jene der → Indiennes. Im 20. Jahrhundert wurde im kunstgewerblichen Rahmen auch der Stoffdruck mit Modeln aus Linoleum, Gummi, Schaumgummi und Kartoffeln ausprobiert. Heute werden von Hand ausgeführte → Sieb- beziehungsweise → Filmdrucke ebenfalls als Handdrucke bezeichnet. (siehe Bild links)

Hahnentritt

Foto: Romo

H

Hanf

Der Hanf, die Stängelfaser der Hanfpflanze Cannabis sativa, hat bei uns lange ein Schattendasein geführt, obwohl er in früheren Jahrhunderten schon recht verbreitet war und mit zu den ältesten Kulturpflanzen zählt. In China soll Kaiser Chen-Nung schon um 2800 vor Christus den Hanfanbau gelehrt haben, spätestens im 5. Jahrhundert vor Christus war er auch den Germanen bekannt. Außer den Textilfasern liefert Hanf ein wertvolles Öl, aus dem auch Seife und Firnis gemacht werden können, ein sehr nährstoffreiches Mehl und verschiedene medizinische Wirkstoffe. Wegen des Rauschmittels Haschisch, das aus dem Harz der weiblichen Hanfpflanzen gewonnen werden kann, kam es in Deutschland zu einem Anbauverbot. Die hellen Fasern werden wie beim → Leinen durch → Rösten, Brechen und → Schwingen aus den Stängeln herausgelöst. Fasern von weiblichen und männlichen Pflanzen unterscheiden sich in ihrer Feinheit. Hanf ist um etwa 20 Prozent reißfester als Leinen, kann zwölf bis 30 Prozent Feuchtigkeit aufnehmen, ohne sich dabei nass anzufühlen, und ist ausgesprochen widerstandsfähig gegen Nässe. Die feineren, zum Verspinnen und Weben geeigneten Sorten wachsen heute in Algerien, Italien und Spanien. Kurzzeichen: CA oder HA

Haptik

Mit der Haptik eines Stoffes meint man die Art und Weise, wie er sich anfühlt, also beispielsweise weich oder rau, glatt oder flauschig. Der Begriff leitet sich vom griechischen Ausdruck für „greifbar“ her und bezeichnet all das, was wir über den Tast-

Foto: Luiz

Haptik

H

sinn wahrnehmen können. Neben der Optik und den Gebrauchseigenschaften gehört die Haptik zu den wichtigsten Eigenschaften eines Stoffes. (siehe Bild links)

Hardanger Stickerei

Die Hardanger Stickerei hat ihren Namen von ihrer norwegischen Heimat, dem Hardanger Fjord und der Hardanger Vidda. Dort wurde eine Durchbruch-Stickerei entwickelt, die in gewisser Weise mit der → Hohlsaum-Stickerei verwandt ist: Ihre rechteckigen Motive entstehen dadurch, dass Fäden aus dem Gewebe herausgeschnitten und herausgezogen werden und man die übrigen in Gruppen von vier Fäden aufteilt und umwickelt. Die Motivränder werden mit → Plattstickerei befestigt.

Harris Tweed

Harris Tweed ist der geschützte Name für die → Wollstoffe aus Harris auf der Insel Lewis, der größten der äußeren Hebriden. Sie werden aus groben schottischen → Streichgarnen mit der typischen → Multicolor-Optik gewebt, meist in → Köperbindung. Und zwar bis heute nur von Hand und nur in halber Warenbreite, was in der Regel etwa 70 Zentimetern entspricht. Harris Tweed ist ein ausgesprochen robustes, strapazierfähiges Gewebe. Übrigens: Ähnliche Stoffe aus Shetlandwolle, oft mit → Stichelhaaren, werden fälschlicherweise ebenfalls oft als Harris Tweed bezeichnet.

Haspelseide

Haspelseide heißt die endlose, von mindestens fünf und höchsten dreißig Kokons abgehaspelte bzw. abgewickelte → Seide. Diese etwa 1000 Meter langen Seidenfasern ergeben entbastet den edelsten und teuersten Seidenfaden, der auch „reale Seide“ genannt wird.

Hautelisse

Hautelisse ist die französische Bezeichnung für eine Webtechnik, genauer gesagt eine Handwebtechnik, bei der die → Kette nicht wie üblich waagerecht im → Webstuhl verläuft, sondern senkrecht. Diese Webstühle heißen dem entsprechend Hautelisse-Webstühle. Sie können mehrere Meter breit sein, denn in erster Linie werden Teppiche wie → Gobelins, aber auch solche mit eingeknüpftem → Flor auf diese Art und Weise gewebt. Im Deutschen spricht man deshalb von → Hochgewebe und entsprechend von Hochwebstuhl.

Hecheln

Hecheln heißt ein wichtiger Arbeitsschritt nach dem → Schwingen in der → Leinen- und → Hanfspinnerei. Es funktioniert ähnlich wie Kämmen, trennt eventuell noch zusammenklebende Fasern, legt sie parallel und reinigt sie von letzten Spelzen. Früher zog man die Fasern von Hand in Bündeln immer wieder vorsichtig über Nadelkämme, die Hecheln. Heute erledigt das die Hechelmaschine. Erst nach dem Hecheln können die Fasern versponnen werden. Übrigens: Die Redewendung „jemanden durchhecheln“ rührt von der Unermüdlichkeit, mit der diese Arbeit früher ausgeführt werden musste, und daher, wie viel dabei geschwatzt wurde!

Heftstich

Der Heftstich entspricht dem → Vorstich und ist der einfachste Stickstich: In gleichmäßigem Auf und Ab wird der Faden durch das Gewebe gestochen. Mit diesem Stich können auch zwei oder mehr Stofflagen provisorisch zusammengeheftet werden, damit die Stofflagen beim eigentlichen, maschinellen Nähen nicht verrutschen. Daher der Name Heftstich.

H

Heimtextilien

Zu den Heimtextilien zählen alle Stoffe, die im Wohnbereich vorkommen, also → Gardinen, → Dekostoffe, → Möbelbezugsstoffe, → Wandbespannungen, Teppiche, Teppichböden sowie die sogenannten Haustextilien: Bad-, Tisch- und Küchenwäsche.

Heißschneiden

Heißschneiden nennt man das Schneiden von Geweben aus → Synthetics, wobei die Schnittkanten durch Hitze sofort verschweißt werden. So können sie nicht mehr ausfransen. Dieses Verfahren ist nur bei einem Fasermaterial möglich, das bei Hitze schmilzt und bei Abkühlung wieder erstarrt.

Herringbone

Mit Herringbone wird in England das → Fischgratmuster bezeichnet: „herring“ ist der „Hering“ und „bone“ heißt „Gräte“. (siehe Bild rechts)

Hessian

Der oder das Hessian ist der englische Begriff für → Rupfen.

Hexenstich

Der Hexenstich ist ein mit dem Kreuzstich verwandter Stickstich. Er gehört zu den Techniken der Handstickerei und sieht wie eine schmale → Borte aus diagonal versetzten Kreuzchen aus.

Hochgewebe

Hochgewebe ist das deutsche Wort für den französischen Begriff → Hautelisse. Hochgewebe, besonders → Gobelins, werden am Hochwebstuhl mit senkrecht verlaufender → Kette gewebt. Vereinzelt wird jedoch bei Stoffen oder Teppichen mit → Flor ebenfalls von Hochgeweben gesprochen, selbst wenn sie an einem Flachwebstuhl entstanden sind – quasi als Abgrenzung zu den → Flachgeweben ohne Flor.

Höhenrapport

Mit Höhenrapport meint man den Abstand, in dem sich ein Stoffmuster der Höhe nach, also in → Kettrichtung, wiederholt. Anschaulicher ist der Begriff Längenrapport.

Hohlgewebe

Hohlgewebe bestehen aus zwei Gewebelagen, die immer wieder miteinander verbunden sind beziehungsweise sich kreuzen und dazwischen Hohlräume bilden. Sie werden in einem einzigen Webvorgang hergestellt, allerdings mit zwei → Kett- und zwei → Schuss-Systemen. Man spricht in diesem Zusammenhang auch von → Doppelgeweben.

Hohlsaum

Der Hohlsaum ist eine Technik aus der Durchbruch-Stickerei. Dafür werden → Kett- oder → Schussfäden aus dem Gewebe herausgezogen und die verbleibenden Fäden gruppenweise mit dem Hohlnaht-Stich umschlungen und gebündelt. So entsteht in regelmäßigen Abständen Loch neben Loch, die Ränder sind jeweils durch den Stickstick gesichert. Wie mit einer → Bordüre kann so zum Beispiel eine Tischdecke, ein Bettbezug oder auch ein → Vorhang eingefasst werden.

Homespun-Garne

Homespun-Garne, der Name sagt es schon, sehen so aus, als wären sie „zu Hause gesponnen“ worden. Sie sind meist nicht besonders fein, unregelmäßig, noppig und → geflammt und wirken eben wie handgesponnen. Sie werden auch in der Maschinenweberei dann eingesetzt, wenn Geweben ein Handwebcharakter

Foto: Kobe

Herringbone

Husse

Foto: Bemz

gegeben werden soll. Ursprünglich wurde Stoff nur dann „Homespun" genannt, wenn er tatsächlich in Heimarbeit aus grob ausgesponnenen → Wollen vom Cheviot-Schaf gewebt war.

Honan-Seide

Die Honan-Seide trägt den Namen ihrer chinesischen Heimatprovinz. Sie zählt zu den → Wildseiden, hat aber nur im → Schuss Flammen und Verdickungen, während die → Kette aus glatter → Haspelseide besteht. Typisch ist die trockene, knirschende → Haptik.

Husse

Die Husse, auch Housse, ist etwas typisch Französisches: ein abnehmbarer Überzug für Stuhl, Sessel oder Sofa. Traditionell unterscheidet man Sommer- und Wintergewänder für Sitzmöbel. Bei uns hat sich mittlerweile die eingedeutschte Schreibweise eingebürgert. (siehe Bild oben)

HWM-Fasern

HWM-Fasern, die Abkürzung für „high wet modulus fibres", meint → Modalfasern im eigentlichen Sinne, also mit verbesserter Nassfestigkeit und erhöhtem Quellvermögen. Sie ähneln der → Baumwolle und eignen sich für Mischungen mit → Polyesterfasern.

Ikat

Ikat ist eine besondere Stoffärbe- und Musterungstechnik, bei der die Fäden schon vor dem Verweben entsprechend dem geplanten Muster eingefärbt werden. Typisch sind Rauten-, Zacken- und → Bordürenmuster. Während des Webens verziehen sich dann die Fäden unweigerlich ein wenig – und damit auch die Muster. Dadurch entsteht die charakteristisch geflammte Optik des Ikats. Die Forscher streiten sich, ob die Ikatweberei ursprünglich in Asien, Südamerika oder Afrika beheimatet ist, denn auf allen drei Kontinenten hat sie schon eine jahrhundertealte Tradition. Je nachdem, welches Fadensystem vor dem Weben gefärbt wird, unterscheidet man → Kett- oder → Schuss-Ikat beziehungsweise Doppel-Ikat, wenn die Technik auf beide Fadensysteme angewendet wird. Ähnlich wie beim → Batik gibt es verschiedene Methoden, die Fäden dem Muster entsprechend einzufärben. Häufig werden sie vor dem Farbbad an den Stellen, die keine Farbe annehmen sollen, mit Papier oder Schnur abgebunden. Das Wort „Ikat" ist denn auch der malaysische Ausdruck für „Band" oder „Einfassung". Die → Seiden-Ikats aus Malaysia sind die feinsten und kostbarsten. Ziemlich derb, aber sehr farbenprächtig nehmen sich dagegen die → Woll-Ikats der südamerikanischen Indios aus. Die japanischen → Kasuris haben wiederum eine ganz eigene Farbcharakteristik. Dem Ikat vergleichbar sind die edlen französischen → Kettdrucke auf Seide – nicht zu verwechseln mit preiswerten Druckstoffen, die Ikatmuster → imitieren! Übrigens: In Europa ist das Ikatweben nur an einem einzigen Ort zu Hause: auf Mallorca! Dort heißen die Muster „llengos", also „Zungen". (siehe Bild rechts)

Illusions-Tüll

Als Illusions-Tüll bezeichnet man einen sehr feinen → Wabentüll.

Imitat

Das Imitat oder die Imitation leitet sich vom lateinischen Wort für „nachahmen" ab. Bei Stoffen gibt es beispielsweise Druckmuster, die eine echte Stickerei oder ein echtes → Ikat imitieren. Ein → Webpelz ist das Imitat eines echten Pelzes. Auch im Design spricht man von Imitationen, wenn beispielsweise Möbel- oder Textilentwürfe eines bestimmten Designers in einer verbilligten Version nachgeahmt werden.

Imprägnierung

Die Imprägnierung ist ein → Ausrüstungsverfahren, das Stoffe wasserabweisend oder sogar wasserdicht macht. Dazu werden die Textilien entweder mit flüssigen Imprägniermitteln getränkt oder auf der Oberfläche mit

Ikat

geschmolzenen Imprägniermitteln, zum Beispiel Wachsen oder Harzen, behandelt. Teilweise spricht man auch bei Ausrüstungen gegen Fäulnis, Insektenbefall oder Entflammbarkeit von einer Imprägnierung.

Imprimé

Imprimé – das französische Wort für „bedruckt" – wird vielfach als Bezeichnung für Druckstoffe aller Qualitäten verwendet.

Inbetween

Der Inbetween hängt sozusagen „dazwischen" – und genau das bezeichnet das englische Modewort für halbtransparente Stoffe. Gemeint sind Gewebe, die von ihrer Dichte her zwischen den transparenten → Gardinenstoffen und den undurchsichtigen → Dekostoffen liegen und praktisch beides in einem sind. Gemeint ist aber auch die trennende Funktion des Inbetweens: Als → Vorhang am Fenster trennt er Licht und Schatten, als luftiger Raumteiler kann er Räume in verschiedene Bereiche unterteilen.

Indiennes

Indiennes wurden die bunt bedruckten → Baumwollstoffe genannt, die erstmals um 1580 per Schiff aus Indien im Hafen von Marseille ankamen. Die Inder waren zu dieser Zeit bereits große Meister im Herstellen von leuchtenden Farbstoffen, wie etwa dem → Indigo, sowie in der Technik des → Modeldrucks – und den Europäern „stofflich" weit voraus. Klar, dass die farbenprächtigen Tücher sofort reißenden Absatz fanden und auch bei Hofe ein Modehit wurden. Schnell adaptierten die Südfranzosen die neue Technik und nannten sich „indienneurs". Sie hatten enormen Erfolg und – Neider. Die etablierten französischen → Woll- und → Seidenweber fürchteten nämlich die neue Konkurrenz und bewirkten, dass Louis XIV. schließlich sowohl die Einfuhr als auch die Produktion von Indiennes unter Androhung der Todesstrafe verbot. Natürlich hatte das zur Folge, dass der Schmuggel blühte. Viele Stoffdrucker mussten dabei jedoch ihr Leben lassen, sofern sie nicht in die Schweiz und von da aus ins Elsass und nach England flohen. 1758 wurde die Prohibition wieder aufgehoben, 1773 stellten allein in Marseille bereits wieder 24 Werkstätten Indiennes her. Alsbald entwickelten sie auch eigene Motive in den Farben ihrer Heimat, der Provence. Bis heute werden dort diese Stoffe, oft auch „Provençales" genannt, in den traditionellen Mustern hergestellt. Sie sind nicht nur Ursprung und Vorläufer für alle nachfolgenden Druckstoffe, wie etwa den englischen → Chintz. Auch alle Textildruckverfahren, wie zum Beispiel die Kupferplatten der → Toiles de Jouy oder der heutige → Siebdruck, wurden aus dem damaligen Modeldruck entwickelt. (siehe Bild rechts)

Indigo

Der oder das Indigo gilt als der älteste organische Farbstoff – ägyptische Funde gehen bis auf 2500 vor Christus zurück. Das berühmte Blau schlummert verborgen im tropischen Indigostrauch, lateinisch Indigofera. Um es zu gewinnen, müssen seine Blätter fein zermahlen und in einer Küpe, die früher oft aus Urin bestand, angesetzt werden. Nach einem Gärungsprozess kann man Fasern, Garne oder Stoffe in dieses Färbebad eintauchen, aber zuerst sieht alles noch schmutzig grün aus. Erst beim Trocknen an der Luft vollzieht sich das sprichwörtlich gewordene „blaue Wunder", denn der Luftsauerstoff oxidiert, das

Foto: Travers / Zimmer + Rohde

Indiennes

Foto: Sahco

Irisé

heißt, entwickelt den blauen Farbstoff. Als → Küpenfarbstoff erweist sich das Indigoblau als äußerst dauerhaft, insbesondere waschfest, → lichtecht und reibfest. In Deutschland löste das Indigo um die Mitte des 18. Jahrhunderts den → Färberwaid ab. Jedoch spielt der einst kostbare natürliche Farbstoff seit Erfindung des synthetischen Indigos 1897 nur noch eine untergeordnete Rolle.

Inkjet-Druckverfahren

Das Inkjet-Druckverfahren ist ein → Direktdruckverfahren, bei dem digitalisierte Bilder per Tintenstrahl- bzw. Inkjetdrucker in sehr hoher Auflösung unmittelbar auf Textilien gedruckt werden können. Dabei werden die Drucker sensibel von einer Software gesteuert, die dafür sorgt, dass winzige Farbtropfen in feinster Rasterung jeden Punkt der Vorlage auf dem Stoff detailgetreu abbilden.

Inkrustation

Inkrustation nennt man das Einnähen von → Spitzen in einen Stoff. Das Gewebe wird dafür je nach Form der verwendeten Spitze – rund, oval, rechteckig, quadratisch oder fortlaufende → Bordüre – entsprechend ausgeschnitten. Ansonsten erhalten undurchsichtige Stoffe auf diese Weise transparente Stellen. Statt des selten gewordenen Begriffs Inkrustation spricht man auch von Einsatzspitzen beziehungsweise → Entredeux.

Inlett

Das Inlett ist ein besonders dichtes → Köper- oder → Atlasgewebe, das zum Nähen von Feder- beziehungsweise Daunenbetten verwendet wird, also feder- oder daunendicht ist. Meistens wird es aus → Baumwolle hergestellt. Es gibt jedoch auch Mischungen mit → Viskose, → Polyester oder → Polyamid. Handelt es sich um ein → leinwandbindiges, daunendichtes Gewebe, nennt man es auch „Einschütte".

Interlock-Jersey

Beim Interlock-Jersey wird im Gegensatz zum → Jersey an zwei Nadelreihen gestrickt. Dabei werden die Maschen in einer Rechts-rechts-Bindung miteinander gekreuzt und das Gewebe dadurch verdoppelt. Beide Seiten des → gewirkten, dehnbaren Stoffes zeigen deshalb ein rechtes Maschenbild. (siehe Bild unten)

Irisé

Irisé heißt ein Stoff, der durch eingewebte Fäden aus → Polyesterfolie oder Cellophan irisiert, also regenbogenartig schillernd erscheint. (siehe Bild links)

Foto: Bettenrid

Interlock-Jersey

J

Jacquard

Der Jacquard ist ein aufwendig gemusterter Stoff, der nur auf einem Webstuhl mit Jacquardmaschine hergestellt werden kann. Erfunden hat sie 1805 der Lyoner Seidenweber Joseph Marie Jacquard, der damit einen Wettbewerb und 3000 Francs gewann und die gesamte Weberei revolutionierte. Während bei den sogenannten → Schaftgeweben die → Kettfäden nur gruppenweise bewegt werden können und deshalb der Musterrapport relativ eng begrenzt ist, kann die Jacquardmaschine jeden Kettfaden separat steuern. Dies ermöglicht großflächige Muster, die sich, wie etwa bei → Damasten, über die gesamte Stoffbreite ausdehnen können. Vor dieser Neuerung gab es zwar auch schon großmustrige Gewebe, aber sie mussten mühevoll am → Zampelwebstuhl gefertigt werden, wo kleine Zampeljungen die einzelnen Fäden bewegten. Bei der Jacquardmaschine übernahmen dies erstmals Lochkarten und Platinen, die, einmal angefertigt, ein vergleichsweise schnelles Handweben erlauben. Später wurde die Technik für die mechanischen Webstühle übernommen und auch die heutigen, mit Computertechnologie gesteuerten Jacquard-Webmaschinen arbeiten noch nach dem gleichen Prinzip. (siehe Bild rechts)

Jaspé

Das Jaspé-Garn wird aus zwei oder drei lose gedrehten, verschiedenfarbigen → Vorgarnen gesponnen. Der daraus gewebte Jaspé, meist in → Köperbindung, hat eine gesprenkeltmelierte Optik, die entfernt an den Schmuckstein Jaspis erinnert – daher der Name.

Jersey

Der Jersey, benannt nach seiner Heimat, der englischen Kanalinsel Jersey, ist eine feine → Wirkware. Ursprünglich wurde er aus → Wolle gefertigt und leicht gewalkt. Heute wird der elastische Strickstoff meistens aus → Baumwolle oder Baumwollmischungen hergestellt. Jersey ist der klassische T-Shirt-Stoff. Aber auch für elastische Bezüge im Polstermöbelbereich spielt er eine Rolle.

Jute

Die Jute ist die Stängelfaser zweier ostindischer Lindengewächse, der Rundkapsel-Jute Chorchorus capsularis und der Nalta-Jute Chorchorus olitorius. Das Wort Jute entstand aus einem Mix des Englischen mit indischen Dialekten und bedeutet bezeichnenderweise „Haarstrang". Die Fasern werden wie beim → Leinen durch → Rösten, Brechen, → Schwingen und → Hecheln gewonnen. Jute ist gut und leuchtkräftig zu färben, verträgt aber Nässe und Wärme nur schlecht und neigt aufgrund ihres hohen Anteils an Holzsubstanz sogar zum Faulen. Durch Waschen und → Walken kann man ihr jedoch eine edlere Optik und → Haptik verleihen, die dann an eine Mischung aus → Wolle und Leinen erinnert. Klassische Jutegewebe sind → Rupfen, → Hessian, → Baggings. Jute wird auch anstelle von Schaumrücken als textiles Rückengewebe für Tuftingteppiche, Teppichböden und Linoleumbeläge verwendet. Kurzzeichen: JU

Foto: Apelt

Jacquard

K

Kabelcord

Der Kabelcord ist ein → Cordsamt mit besonders breiten Rippen aus einem doppelt eingebundenen → Flor. Auf zehn Zentimeter kommen bei diesem → Möbelbezugsstoff höchstens 24 Rippen.

Kabelrips

Der Kabelrips hat wie auch der → Kabelcord relativ breite, aber → florlose Rippen. Häufig wird er aus → Baumwolle gewebt und als → Möbelbezugsstoff verwendet.

Kalandern

Kalandern oder Kalandrieren heißt eine Methode der → Appretur. Dabei laufen die Stoffe durch mehrere, zum Teil beheizbare Walzen mit großem Druck. Je nachdem, wie man Walzengeschwindigkeit, Druck und Temperatur regelt, werden verschiedene Effekte erzielt. Die Gewebe können dichter, glatter, geschlossener, wasserabweisender und zugleich weicher und eventuell auch glänzend oder matt werden. Kalandert werden zum Beispiel → Loden oder auch → Chintz.

Kaliko

Der Kaliko, ursprünglich ein feiner und dichter, einfarbig weißer oder bedruckter → Baumwollstoff, hat seinen Namen von seiner westindischen Heimatstadt Calicut, dem heutigen Kozhikode. Mittlerweile hört man den Begriff vielfach generell für bedruckte Baumwollstoffe aller Art aus der eher preiswerten Kategorie.

Kalmuck

Der Kalmuck ähnelt dem → Molton: Auch dieser → Baumwollstoff wird beidseitig so stark angeraut, dass man die → Bindung nicht mehr sieht. Aber beim Kalmuck verbirgt sich unter dem weichen Flor ein → Doppelgewebe. Hauptsächlich wird er, wie Molton, als Unterlage für Tisch- und Bettwäsche verwendet. Sein Namensgeber soll das westmongolische Volk der Kalmücken gewesen sein.

Kambrik

Der feine Kambrik hat seinen Namen von der nordfranzösischen Stadt Cambrai. Er wird aus → Baumwolle oder → Leinen, teilweise auch → Viskose in dichter → Leinwandbindung gewebt und hat eine glatte, manchmal sogar leicht glänzende Oberfläche.

Kamelhaar

Das Kamelhaar zählt zu den → Edelhaaren, wenn es vom zweihöckrigen asiatischen Trampeltier stammt und nicht vom einhöckrigen nordafrikanischen Dromedar, dessen grobes Haar nur für Teppiche infrage kommt. Hochwertiges Kamelhaar kommt also aus Westchina oder der Äußeren Mongolei. Auf heiße Tage können dort nicht selten frostige Nächte folgen, das Fell der Kamele bildet deshalb einen Wärmepuffer, der sie gegen Kälte genauso wie gegen Überhitzung isoliert. Nach dem Winter verlieren die Trampeltiere ihre Haare büschelweise. Sie werden gesammelt und vom steifen Grannenhaar befreit. Übrig bleibt das weiche, sehr feine und stark gekräuselte Flaumhaar. Daraus lassen sich voluminöse und dennoch sehr leichte Flauschgewebe mit hervorragendem Wärmerückhaltevermögen herstellen. Da von einem Tier nur etwa fünf Kilogramm Haar gesammelt werden können, liegt der Preis recht hoch. Noch teurer ist das superfeine und fast weiße → Babyhair der jungen Tiere, die zum ersten Mal die → Wolle abwerfen. Um Kamelhaarstoffe erschwinglicher zu machen, wird häufig eine → Kette aus → Merinowolle

K

Kammgarn

und Kamelhaar nur im → Schuss verwendet, wobei die eigentliche Nutzschicht des Gewebes dann immer noch das begehrte Kamelhaar ist. Kurzzeichen: WK

Kammgarn

Kammgarn ist im Gegensatz zu → Streichgarn fein und glatt, dabei fest gedreht und mit sehr gleichmäßiger Oberfläche. Es besteht nur aus relativ langen Fasern, bei → Wolle zwischen 60 und 120 Millimetern → Stapellänge. In mehrfachen Kämmprozessen werden alle Kurzfasern ausgeschieden. Deshalb lässt sich Kammgarn zu extremer Feinheit ausspinnen, ist aber eben auch entsprechend teurer als Streichgarn. Die ersten Kammgarne waren aus Wolle. Aber inzwischen werden sie auch aus → Chemiefasern oder Mischungen herstellen. Übrigens: Rein wollenes Kammgarn glänzt von Natur aus! (siehe Bild oben)

Kammzug

Der Kammzug entsteht in der → Spinnerei vor dem eigentlichen Verspinnen. Maschinen, die die Fasern kämmen, produzieren zunächst ein lockeres „Band" aus noch losen, unversponnenen, aber gekämmten Fasern, das anschließend in die Spinnmaschinen läuft und dort erst zu Garn verdreht wird.

Kapok

Der Kapok, das Samenhaar des tropischen Wollbaumgewächses Ceiba pentandra, wird auch „Pflanzendaune" genannt. Die nur 15 bis 40 Millimeter langen Haare aus den Fruchtschoten glänzen seidig, sind weich, wasserabstoßend und werden nicht von Ungeziefer befallen. Aber wegen ihrer geringen Festigkeit können sie nicht versponnen werden! Dass Kapokfasern dennoch Bedeutung erlangt haben, liegt daran, dass sie rund 80 (!) Prozent Luft in ihrem Inneren eingeschlossen halten und deshalb sehr füllig und wärmeisoliernd sind: ein natürliches Füllmaterial für Matratzen und Kissen. Kurzzeichen: KP

Karbonisieren

Das Karbonisieren ist ein spezieller Reinigungsprozess für → Wolle, bei dem Schmutzpartikel aus → Zellulose, also zum Beispiel Reste von Dornen, Gras- und Pflanzenstückchen, entfernt beziehungsweise zerstört werden. Dazu wird die Wolle in ein Bad aus Schwefelsäure oder anderen Chemikalien getaucht, gewässert und abschließend durch große Hitze geführt.

Karo

Ein Karomuster entsteht, wenn es gewebt und nicht nur aufgedruckt wird, und zwar aus der rechtwinkligen Verkreuzung von farbigen

Foto: Sahco

Kaschmir

K

→ Kett- und → Schussfäden. Es ist also genau genommen eine Kombination aus Kett- und Schuss-Streifen in einem einzigen Gewebe.

Kaschmir

Kaschmir oder Cashmere heißt das kostbare → Edelhaar der Kaschmir-Ziege. Sie bewohnt die gleichnamige Gebirgslandschaft im Himalaja und Karakorum und wird auch im Iran und in Afghanistan gehalten: in bis zu 4000 Metern Höhe! Im Winter überdeckt eine grobe Oberwolle, die sogenannten Grannen, ihre begehrte Unterwolle. Im Frühjahr stoßen die Tiere beides ab, zum Teil werden sie auch mit groben Holzkämmen ausgekämmt. Die Kunst liegt nun darin, die Grannen möglichst gründlich auszusondern. Übrig bleiben pro Tier nur etwa 50 bis 150 Gramm Flaumhaar, das weiß, grau, braun oder sogar schwarz sein kann. Es ist unübertroffen fein (etwa 14,5 bis 19 Micron), weich, geschmeidig, federleicht und dabei seidig glänzend. Eine der teuersten und rarsten Fasern, mit nur etwa einem Siebzigstel Prozent am gesamten weltweiten Faserverbrauch. Aus Kaschmir entstehen → Tuche und Flauschstoffe mit einem unverwechselbaren, fast seifigweichen Griff. Vielfach wird das Edelhaar aber auch mit → Merinowollen gemixt, um preiswertere und strapazierfähigere Waren, wie zum Beispiel → Möbelbezugsstoffe, zu erhalten. Kurzzeichen: WS (siehe Bild links)

Käseleinen

Das Käseleinen wurde und wird tatsächlich bei der Käseherstellung verwendet, um den gallertartigen Milchbruch aus der übrigen Flüssigkeit herauszuheben und zu einem Laib zu pressen. Es muss also sehr stabil und zugleich durchlässig sein wie ein Sieb. Echtes Käseleinen wird deshalb aus feinen, hart gedrehten → Leinengarnen in loser → Leinwand- oder → Dreherbindung gewebt. Optisch ähnelt es dem → Mull, ist aber → schiebefester. Aus Hygienegründen verwendete man traditionell nur gebleichtes, kochfestes Leinengarn. Da Käseleinen heute auch als → Inbetween oder → Dekostoff in den Handel kommt, gibt es auch Varianten aus → Baumwolle, Baumwollmischungen, → Jute oder → Hanf.

Kasuri

Kasuri ist der japanische Ausdruck für → Ikat. In Japan werden Kasuri-Gewebe aus → Baumwolle, → Hanf oder feiner → Seide hergestellt. Die Farb-Ikats „Iro-gasuri“ haben rote, gelbe und grüne Muster auf braunem Grund. Typisch sind die „Ka-gasuri“, kleine Sternchen, und die „Masu-gasuri“, kleine Quadrate. Die Bild-Ikats „E-gasuri“ zeigen anstelle der geometrischen Muster abstrahierte Figuren.

Kattun

Kattun heißt die feinste und leichteste der → Nesselqualitäten. Sie soll in der gröbsten Version nicht weniger als 29 → Kett- beziehungsweise → Schussfäden pro Zentimeter haben. In den Handel kommt der Kattun meist gefärbt oder bedruckt als → Dekostoff. Sein Name leitet sich vom arabischen Wort „kutun“ für → Baumwolle ab. Er gehört zu den sogenannten → Stellungswaren.

Keder

Keder nennt man eine in ein Stoffband gefasste Schnur. Kantennähte von Kissen oder Polstermöbeln werden damit geschmückt und zugleich auch stabilisiert und haltbarer gemacht. Der Keder wird beim Nähen immer zwischen zwei Stofflagen gefasst. Er kann aus demselben Stoff wie der Bezug sein, in der

K

gleichen oder einer anderen Farbe, oder auch aus einem ganz anderen Material, wie zum Beispiel Leder. An Kissen werden als Dekoration zum Teil auch dick wattierte Keder genäht.

Kelim

Der Kelim ist ein glatter, handgewebter Teppich ohne → Flor. Ähnlich wie beim → Gobelin werden seine Muster Farbfläche für Farbfläche mit treppenartigen Stufen und trennenden Schlitzen gewebt. Deshalb zeigt er auf beiden Seiten das gleiche Bild. Im → Schuss besteht ein Kelim meist aus → Wolle, während die unsichtbare → Kette aus → Baumwolle oder → Hanf sein kann. Da es sich um ein Gewebe handelt, wird der Kelim nicht nur als Teppich oder Wandbehang gebraucht, sondern auch als Kissen- oder → Möbelbezugsstoff verwendet. Übrigens: Sein Name leitet sich vom türkischen Wort „kilim" für „Webteppich" ab. (siehe Bild rechts)

Kettatlas

Von Kettatlas oder → Kettsatin spricht man bei einem → Atlas- beziehungsweise → Satingewebe, bei dem praktisch nur die Kettfäden an der Stoffoberfläche zu sehen sind.

Kettbaum

Der Kettbaum ist eine sehr stabile Rolle, auf der die geschärten → Kettfäden aufgewickelt beziehungsweise „aufgebäumt" werden. Im Flachwebstuhl ist sein Platz ganz hinten, im Hochwebstuhl oft oben. Zum → Schären beziehungsweise Bäumen kann er meist herausgenommen werden.

Kettdruck

Der Kettdruck ist mit dem → Ikat verwandt: Bereits vor dem Weben werden dafür die → Kettfäden mit einem Muster bedruckt. Während des Verwebens verziehen sich die Fäden und somit auch das Muster etwas und es entsteht eine ikatähnliche Optik. In Frankreich wird dieses aufwendige Verfahren für kostspielige → Seidenstoffe angewendet, die oft ein reiches florales Muster zeigen.

Kette

Mit der Kette oder den Kettfäden meint man die Längsfäden in einem Gewebe. Sie verlaufen am → Webstuhl in der Regel waagerecht von hinten nach vorne, vom → Kettbaum zum → Warenbaum. Häufig sind sie feiner, aber reißfester als der → Schuss.

Kettengewirkte Polware

Eine kettengewirkte Polware ist ein → gewirkter → Florstoff, wie zum Beispiel ein → Panné-Samt. Er wird auf einer → Kettenwirkmaschine oder einer Doppelvelours-Raschelmaschine hergestellt, die gleich zwei Stoffbahnen auf einmal produziert. Obwohl die Ware elastisch ist, hat sie doch einen fest verankerten Flor.

Kettpolgewebe

Kettpolgewebe heißen alle → Florgewebe, deren Flor aus einer Extrakette, der sogenannten → Polkette, entsteht. Dazu gehören alle → Kettsamte und → Rutensamte und Gewebe wie → Epinglé, → Bouclé und → Frisé.

Kettsamt

Als Kettsamt werden alle → Samte bezeichnet, deren → Flor durch ein zusätzliches → Kettfadensystem, die sogenannte → Polkette, gebildet wird. Dabei kann es sich sowohl um ein Gewebe, also ein → Kettpolgewebe, handeln als auch um ein → Gewirke, die sogenannte → kettengewirkte → Polware.

Foto: Romo

Kelim

K

Kettsatin

Kettsatin ist dasselbe wie → Kettatlas.

Kid-Mohair

Kid-Mohair nennt man das besonders feine und seidige → Babyhair der jungen → Angoraziegen. Als besonders zartes → Edelhaar hat es dieselben Eigenschaften wie → Mohair.

Klöppel-Spitze

Die Klöppel-Spitze war in Italien, Flandern und Holland schon im 15. Jahrhundert bekannt. Das Klöppeln ist eine ganz eigene Technik, bei der mehrere Fadenpaare immer wieder von Hand miteinander verkreuzt und verdreht werden. Die Fäden sind meist aus → Leinen, → Baumwolle oder → Ramie. Gearbeitet wird entlang einer Musterzeichnung, dem sogenannten Klöppelbrief, der auf einer festen Unterlage, dem Klöppelkissen, befestigt wird. Die benötigte Anzahl der Fäden ist dabei auf handliche Holzstäbchen, die Klöppel, aufgewickelt. Bei den feinsten Klöppelspitzen, zum Beispiel der → Valenciennes-Spitze, können das bis zu 150 Klöppel auf wenigen Zentimetern Breite sein! Die verschiedenen Arten der Fadenverkreuzungen nennt man „Schläge". Im Erzgebirge begründete Barbara Uttmann 1561 eine deutsche Klöppeltradition. Heute gibt es auch Klöppelspitzen, die mit

Kord

Foto: JAB Anstoetz

K

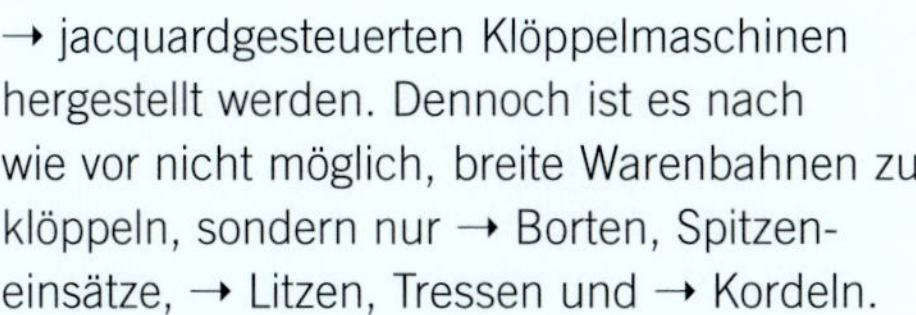

→ jacquardgesteuerten Klöppelmaschinen hergestellt werden. Dennoch ist es nach wie vor nicht möglich, breite Warenbahnen zu klöppeln, sondern nur → Borten, Spitzeneinsätze, → Litzen, Tressen und → Kordeln.

Knittererholungsvermögen

Mit dem Knittererholungsvermögen meint man die Fähigkeit von Fasern oder Geweben, sich von selbst wieder zu glätten, nachdem sie geknittert wurden. Bei → Möbelbezugsstoffen ist es beispielsweise ein wichtiges Qualitätskriterium, ob und wie rasch sie sich auf losen Polstern wieder glätten, nachdem man darauf saß oder sich daran anlehnte. Übrigens: Von Natur aus hat → Schurwolle ein sehr gutes Knittererholungsvermögen, → Leinen dagegen hat gar keines, aber es „knittert edel"!

Knopfloch-Stich

Knopfloch-Stich ist ein anderer Name des → Feston-Stichs.

Kochelleinen

Das Kochelleinen ist ein → leinwandbindiges Gewebe, meist aus → Halbleinen, mit einem besonders dicken → Schuss. Dadurch erhält es eine gerippte Struktur.

Köper

Köper heißt jedes in → Köperbindung gewebte Gewebe. Die Köperbindung zählt zu den drei Grundbindungen. Ihr → Rapport geht über mindestens drei → Kett- und drei → Schussfäden. Durch die Bindung ergeben sich die für einen Köper so charakteristischen, diagonal im Gewebe verlaufenden Rippen, die → Grate. Je nachdem, ob sie mehr von der Kette oder vom Schuss gebildet werden, spricht man von Kett- oder Schussköper oder gleichseitigem

Kord

Köper. Variationen sind auch Breit- oder Mehrgratköper, Letzterer mit verschieden breiten Graten. Köper werden aus allen Faserarten gewebt. Sie sind meist fest und strapazierfähig. Typische Köperstoffe sind unter anderem → Twill, → Serge, → Barchent, → Gabardine, → Drell und das → Hahnentritt-Karo.

Köpfchen

Köpfchen nennt man den oberen Saum eines → Vorhangs oder einer Gardine, genauer den Teil, der über das → Gardinenband übersteht. Er versteckt optisch die Aufhängevorrichtung und kann je nach Wunsch mal schmal, mal breit oder sogar überbreit als Schmuck-Köpfchen gearbeitet werden.

Kord

Kord ist die eingedeutschte Schreibweise für → Cord mit seinen typischen, längslaufenden → Florrippen. (siehe Bild links und oben)

K

Kordel

Eine Kordel entspricht einem sehr dicken → Zwirn und wird in der → Passementrie vielfältig verwendet.

Kordonnet-Franse

Die Kordonnet-Franse hat ihren Namen vom französischen Begriff „cordonnet" für eine „dünne Schnur". Dementsprechend handelt es sich auch um Fransen aus mehrfach zusammengedrehten, gezwirnten dünnen Garnen, die optisch an Schnüre beziehungsweise → Kordeln erinnern, wie zum Beispiel an Fransenborten.

Krapp

Der Krapp gehört zu den ältesten natürlichen Färbemitteln. Gewonnen wird dieses leuchtende echte Rot, das Alizarin, schon seit Jahrtausenden aus den hellblutroten Wurzeln der Färberröte, einer Pflanze aus der Familie der Rötegewächse. Bezeichnenderweise wurde sie auch Färberwurzel genannt und mit dem lateinischen Namen Rubia tinctorum bedacht. Um 1200 blühte die Färberkunst im Mittelmeerraum und das begehrte Krapprot hieß bald Türkisch-Rot. Seit 1868 kann es synthetisch hergestellt werden, die einst viel kultivierte Pflanze wird kaum noch angebaut.

Kräuselband

Kräuselband ist ein anderer Ausdruck für das → Gardinenband.

Kreidestreifen

Der Kreidestreifen ist eine → Nadelstreifenvariante und kommt eigentlich aus der Herrenbekleidung. Durch → Walken und → Rauen verschwimmen die feinen, hellen Streifen in → flanellartigen → Wollstoffen etwas und es entsteht der Effekt von weichen Kreidestrichen ohne scharfe Kontur.

Krempeln

Das Krempeln ist eine Prozedur, die hauptsächlich in der → Wollspinnerei noch vor dem eigentlichen Verspinnen angewandt wird. Dabei durchlaufen die gewaschenen, aber noch wirren Wollfasern die Krempelmaschine mit mehreren bürstenartigen Walzen, die dicht an dicht mit kleinen Drahthäkchen besetzt sind. Sie kämmen die Wolle gründlich, legen die Fasern parallel und reinigen sie gleichzeitig von noch vorhandenen Schmutzpartikelchen. Gegebenenfalls können im selben Arbeitsgang auch verschiedene Farben oder Qualitäten miteinander gemischt werden. Meist werden zwei oder drei Krempelmaschinen, ein sogenannter Krempelsatz, hintereinander geschaltet. Heraus kommt am Ende ein → vliesartiges Spinnband, das dann sowohl von Hand als auch von Spinnmaschinen zu → Streichgarn versponnen werden kann.

Krepp

Krepp ist die deutsche Schreibweise für → Crêpe. (siehe Bild rechts)

Kretonne

Kretonne oder auch Kreton sind eingedeutschte Schreibweisen für → Cretonne.

Kreuzköper

Kreuzköper ist ein Bindungstyp, dessen Rapport in Richtung → Kette oder → Schuss halbiert wird und dabei gleichzeitig die Bindungsrichtung wechselt. Dadurch fehlen auf der Oberfläche des Gewebes die typischen → Grate einer → Köperbindung.

Krepp

Krewel-Stickerei

Die Krewel-Stickerei (es gibt auch die Schreibweise Crewel-Stickerei) kommt aus Asien, war aber schon seit dem 11. Jahrhundert auch in Europa gebräuchlich. Gestickt wird mit dem sogenannten Krewelgarn, einem lose gedrehten → Wollzwirn, und zwar im Kettstich mit seinen typischen aneinandergereihten Schlingen. Als Stickgrund nimmt man entweder kräftige Wollstoffe, ebenfalls aus Garnen ähnlicher Qualität wie das Stickgarn, oder leichtere, eventuell sogar halbtransparente Gewebe aus → Baumwolle beziehungsweise → Leinen. Charakteristisch für Krewel-Stickereien sind verschlungene Blüten- und Blattmotive, die meist über die ganze Gewebebreite aufgestickt werden, entweder Ton in Ton mit dem Fondgewebe oder in Pastell- bzw. Erdtönen. Lebhaft bunte Farbgebungen sind eher untypisch. Sehr aufwendig und deshalb am teuersten sind jene Varianten, bei denen der gesamte Fond dicht an dicht mit Kettstichen bedeckt wird.

Krumpfen

Krumpfen oder Sanforisieren ist ein → Ausrüstungsverfahren, das Stoffe durch einen gewollten Schrumpfungseffekt davor bewahrt, später beim Waschen einzulaufen. Das geschützte Warenzeichen für dieses Verfahren lautet → Sanfor®.

Krumpfwert

Der Krumpfwert gibt an, um wie viel Prozent ein Gewebe bei der ersten Wäsche schrumpft. Liegt der Krumpfwert über einem Prozent, muss der Stoff vor dem Zuschneiden und Nähen gewaschen werden. Durch → Sanforisieren kann man Textilien aus → Zellulose schrumpffrei machen, durch → Thermofixieren solche aus → Chemiefasern, die durch Wärme verformbar sind.

Kunstbast

Kunstbast nennt man → synthetisch hergestellte, bandartige Garne, die in Optik, Haptik und auch Geräusch dem natürlichen → Bast sehr nahe kommen. Meist werden sie aus → Viskose oder Viskosemischungen produziert und sind dementsprechend sogar waschbar.

Kunstfasern

Als Kunstfasern bezeichnet man alle Faserarten, die nicht aus der Natur, das heißt von Pflanzen oder Tieren, gewonnen werden können. Dies sind die → Zellulose-Fasern → Viskose, → Modal und → Acetat sowie die →

K

Synthetics → Polyamid, → Polyacryl, → Polyester, Polyolefin, → Polypropylen, Polyurethan und deren → Mikrofasern.

Kunstleder

Kunstleder, also ein Lederimitat, entsteht, indem man Trägergewebe oder -gewirke mit elastischen Kunststoffen → beschichtet. Hauptsächlich werden dazu Polyurethan (PUR) und Polyvinylchlorid (PVC) verwendet. Das Material kann mit matter, glänzender oder geprägter Oberfläche produziert werden und einen mehr oder weniger natürlichen Ledercharakter aufweisen. (siehe Bild unten)

Küpenfärberei

Die Küpenfärberei ist ein altes Verfahren, um bestimmte, sehr haltbare Farben zu erzielen. Notwendig wurde diese relativ aufwendige Methode bei nicht wasserlöslichen Farbstoffen, wie zum Beispiel dem → Indigo. Zunächst wurden die Fasern, Garne oder Stoffe in eine in einem Kessel angesetzte Farbflüssigkeit, die sogenannte Küpe mit dem chemisch darin aufgelösten Farbstoff, getaucht. Der gewünschte Farbton entwickelte sich jedoch erst später während des Trocknens durch die Einwirkung von Luftsauerstoff. Das chemische Prinzip ist, dass die wasserunlöslichen Farbstoffe zunächst durch Reduktion wasserlöslich und dann durch Oxidation wieder wasserunlöslich gemacht werden. Im Prinzip genauso vollzieht sich das Färben mit Küpenfarbstoffen im industriellen Rahmen auch heute. Diese Färbungen haben hervorragende Wasch-, Koch-, Chlor-, Wetter-, → Licht-, Reib- und Schweißechtheit.

Kurbel-Stickerei

Die Kurbel-Stickerei gehört zu den mechanisch hergestellten Stickereien und war vor allem im frühen 20. Jahrhundert von Bedeutung. Die Kurbelmaschine stickt wie bei einer → Krewel-Stickerei im Kettstich, wobei der Stoff mit einer unter der Arbeitsplatte angebrachten Kurbel dem Muster entsprechend hin- und herbewegt wird.

Foto: Skai / Hornschuch

Kunstleder

L

Lade

Lade heißt derjenige Teil des → Webstuhls, der jeden neuen → Schuss fest an das entstehende Gewebe anschlägt. Sie entspricht dem Kamm im Handwebrahmen. Da hier enorme Kräfte walten, muss die Lade sehr stabil gebaut sein: am Handwebstuhl aus massiver Buche oder Eiche oder am mechanischen Webstuhl aus Stahl.

Lahn

Als Lahn bezeichnet man feinst ausgezogene und platt gewalzte Drähte aus Metall, mit denen man eine → Seele aus → Seide oder → Leinen umwickelt, um so einen glitzernden Metallfaden für die → Brokatweberei oder die → Posamentenherstellung zu erhalten. Dabei kann der Lahn durchaus aus echtem Silber oder sogar aus goldplattiertem Silber sein. Ein solcher Metallfaden wird auch → Leonisches Gespinst genannt.

Lama

Das Lama ist ein sogenanntes Schafkamel, das in den Anden Perus zu Hause ist. Indianer haben es dort aus dem → Guanako domestiziert und nutzen es vor allem als Lasttier. Besonders begehrt ist jedoch sein → Edelhaar. Wegen des extremen Klimas in 3000 bis 5000 Meter Höhe haben die Tiere ein feines, weiches, leichtes, → seidenähnlich glänzendes und trotzdem recht strapazierfähiges Haar – ähnlich dem → Alpaka, aber etwas kräftiger. Die besten Qualitäten kommen nicht von den Haustieren, sondern von den in Höhen über 4000 Metern frei lebenden wilden Lamas. Alle zwei Jahre findet eine Teilschur statt, bei der die Tiere nicht kahl geschoren werden, denn sie könnten sonst die Kälte des Hochlandes nicht aushalten. Es fallen nur zwei bis drei Kilogramm Wolle pro Tier an. Typisch sind rotbraune Färbungen, es gibt jedoch auch Weiß und Schwarz und circa 20 verschiedene Zwischentöne. Kurzzeichen: WL

Lamé

Lambrequin

Lambrequin ist der französische Ausdruck für → Schabracke, wobei das Lambrequin auch an Türen vorkommen kann und im Barock vielfach auch aus Stein, Stuck oder Bronze gearbeitet war.

Lambswool

Lambswool nennt man die besonders weiche und schmiegsame → Wolle der ersten Schur eines jungen Schafes.

Lamé

Der Begriff Lamé, in deutscher Schreibweise Lamee, bedeutet im Französischen „mit Gold- oder Silberfäden durchwirkt".Und genau das ist der Lamé auch: ein feiner, von Metallfäden durchzogener Stoff. (siehe Bild oben)

L

Lampas

Der Lampas ist ein schweres → Damastgewebe, das durch extra → Kett- und → Schussfäden zusätzliche farbige Muster bekommt. In der Regel wird Lampas aus → Seide oder Seidenmischungen gewebt. Er hat immer eine glatte Oberfläche, die regelrecht glänzt, spiegelt, leuchtet und strahlt. Der griechische Wortstamm seines Namens ist ja auch derselbe wie der unserer „Lampe".

Lancé

Auch der Lancé erhält seine Muster durch zusätzliche → Kett- oder → Schussfäden. Sie werden wie beim → Broché nur dort, wo sie benötigt werden, in den Gewebefond eingewebt, → flottieren aber ansonsten auf der Rückseite des Stoffes von Motiv zu Motiv über die ganze Breite oder Länge der Ware. Deshalb kann schneller gewebt werden als beim Brochieren. Bei zu langen Flottungen werden die Fäden nach dem Weben abgeschnitten, man spricht dann von „Lancé découpé" oder „falschem Broché".

Längsrips

Der Längsrips ist ein → Ripsgewebe, bei dem die Rippen längs in → Kettrichtung verlaufen.

Leinen

Das Leinen ist die Stängelfaser der Lein- beziehungsweise → Flachspflanze Linum usitatissimum, eine der ältesten Kulturpflanzen überhaupt. Funde in Pfahlbauten aus der jüngeren Steinzeit zeigen, dass Leinen schon in der Vorgeschichte eine Rolle spielte. Für die alten Ägypter war weißes Leinen ein Symbol der Reinheit, sie kleideten deshalb Priester damit und hüllten Mumien darin ein. Später, im 12. und 13. Jahrhundert, war Deutschland im Flachsanbau führend. Mitte des 19. Jahrhunderts lief die preiswertere → Baumwolle dem Leinen zwar mengenmäßig den Rang ab, seine Qualitäten aber blieben unerreicht: Es ist sehr gut verspinnbar, ein hervorragender Wärmeleiter, also kühlend bei Hitze, sehr reißfest, kaum elektrostatisch, aber schmutzabweisend und bakterienhemmend, sehr saugfähig, unempfindlich gegen Laugen, also kochfest, nicht flusend, im Griff kühl und trocken und von Natur aus → seidig glänzend. Nur ein kleines Problem gibt es: Leinen knittert. Doch es „knittert edel" und wird durch dieses kleine „Manko" nur noch charaktervoller. Heute wird Leinen zu Tisch- und Bettwäsche ebenso verarbeitet wie zu → Dekostoffen, → Inbetweens und → Möbelbezugsstoffen. Die aufwendige Prozedur der Fasergewinnung ist immer noch dieselbe wie einst, nur dass heute Maschinen die härtesten Arbeiten übernehmen, die früher übrigens nur von Frauen ausgeführt wurden. Geerntet wird der Lein (sobald er braun wird, nennt man ihn Flachs) kurz vor der Samenreife. Zur → Röste bleibt er ausgebreitet auf den Feldern liegen oder wird in Wasserbecken eingeweicht. Bakterien und Pilze beginnen dabei, die Stängel anzulösen. Beim Riffeln entfernt man die Fruchtkapseln, bevor dann durch Brechen und → Schwingen die Fasern wie beim Korndreschen von der Stängelspreu getrennt werden. Das → Hecheln entfernt zuletzt die minderwertigen Kurzfasern und legt die goldbraunen Flachsfasern parallel. Aus ihnen wird das → Rohleinen gesponnen und gewebt. Will man reines Weiß, muss es noch gebleicht werden. Übrigens: Im alten Ägypten stellte man von Hand Leinengewebe von einer solchen Feinheit her, wie sie bis heute maschinell kaum erreicht werden. Man nannte sie „gewebte Winde"! Kurzzeichen: LI (siehe Bild rechts)

Foto: Création Baumann

Leinen

L

Leinwandbindung

Die Leinwandbindung ist die älteste und einfachste Grundbindung. → Kette und → Schuss verkreuzen sich wie bei einem Schachbrett nach dem Prinzip eins auf eins. Sie ist also zweibindig, das heißt, der → Rapport wiederholt sich bereits alle zwei Fäden. Je enger die Leinwandbindung am → Webstuhl eingestellt ist, desto → schiebefester wird das Gewebe. Übrigens: → Tuch- und → Taftbindung sind nichts anderes als Leinwandbindung!

Leonisches Gespinst

Das Leonische Gespinst hat seinen Namen von der spanischen Stadt León. Es handelt sich um ein Ziergarn mit metallischer Oberfläche. Dafür wird eine → Seele aus → Baumwolle, → Seide oder → Kunstfasern dicht mit einem hauchfeinen, platt gewalzten Metalldraht, dem → Lahn, umwickelt. Leonische Gespinste werden in → Brokate eingewebt und in → Posamenten eingearbeitet. Man unterscheidet verschiedene Formen: die Kantille mit schraubenförmig gedrehtem Draht, das wellige → Ondé mit gekräuseltem Draht, das Diamanté mit perliger Umspinnung sowie das Brillantgarn, bei dem der Draht die Seele durchscheinen lässt.

Lichtechtheit

Mit Lichtechtheit meint man die Haltbarkeit von Färbungen oder Drucken, wenn sie der Einwirkung von Tageslicht ausgesetzt werden.

Linette

Die Linette ist ein feiner, auf beiden Seiten glänzend → ausgerüsteter → Linon. Übrigens: Im Französischen bedeutet Linette „Leinsaat".

Linon

Der Linon ist ein → Baumwollstoff, der → Leinen imitiert. Ausgangsmaterial ist ein → Cretonne oder ein → Renforcé, der dann eine leicht glänzende → Appretur erhält. Leider ist der Glanz nicht von Dauer, denn die Appretur wäscht sich bald aus. Verwendet wird Linon hauptsächlich für preiswerte Bettwäsche.

Foto: Luiz

Lochstickerei

Liséré

Für Liséré, auf Französisch → Borte, sind seine Muster in Längsrichtung typisch: Sie erscheinen auf der Vorderseite des → seidenen oder halbseidenen → Bezugsstoffs als schmale und breite Borten. Dafür werden zusätzliche → Kettfäden in unterschiedlichen Abständen mit dem → Schuss verwebt. Rückseitig entstehen dabei lang → flottierende Fäden, auf der Vorderseite wird der Eindruck von → Plattstich-Stickerei erweckt. Liséré ist im Stilbereich beliebt.

Lisère

Unter Lisère versteht man ein schweres → Seidengewebe mit → Brochés in Blütenform.

L

Litze

Litze kann zweierlei bedeuten: Zum einen ist eine Litze eine schmale, flache → Borte. Aber auch ein Teil des → Webstuhls heißt so: Jeder → Schaft ist mit zahlreichen Drahtschienen bestückt, die in der Mitte jeweils eine Öse haben, die Litze. Durch jede Litze wird ein → Kettfaden gezogen, der auf und ab bewegt werden kann. Am → Jacquardwebstuhl ohne Schäfte ist jede Litze frei beweglich.

Lochstickerei

Als Lochstickerei werden vielerlei Stickarbeiten bezeichnet, bei denen in ein Grundgewebe gebohrte oder geschnittene Löcher am Rand umstickt werden, wie zum Beispiel bei der → Madeira-Stickerei oder der → Broderie Anglaise. Man spricht auch von → Ajour-Stickerei. (siehe Bild links)

Loden

Der Loden entstand in den Alpen: Bergbauern entdeckten im 19. Jahrhundert, dass ihre → Wollbekleidung beim Waschen zwar → filzte und schrumpfte, aber zugleich weicher, strapazierfähiger und wasserabweisend wurde. Als „Loderer" perfektionierten sie die Methoden, Stoffe so zu präparieren. Heute wird der Loden zwar maschinell, aber noch genauso aufwendig aus einem → Streichgarn-Wollgewebe hergestellt. In unzähligen Arbeitsgängen wird es gewaschen, → karbonisiert, → gewalkt, → aufgeraut, eventuell geschoren und dann wieder → kalandert. Längst hat auch die Interiorbranche Loden als hochwertigen → Deko- und → Möbelbezugsstoff entdeckt. (siehe Bild rechts)

Loop

Loop heißt im Englischen „Schlinge" oder „Schleife". Das ebenso benannte → Effektgarn ist also ein Schlingenzwirn. Meist wird er aus einer → Schurwollmischung mit hohem → Mohairanteil gesponnen. Im Gewebe ergibt sich durch den Loop-Schuss eine voluminöse Schlingenstruktur, ähnlich dem → Bouclé.

Lurex®

Lurex® ist ein Handelsname für glitzernde Metallgarne. Sie bestehen aus feinsten Aluminiumbändchen, die auf → Zellulose-Acetat-Folien aufkaschiert werden.

Lüster

Mit dem Lüster meint man den Glanz einer Faser, eines Garns oder eines Stoffs. → Seide zum Beispiel hat einen ganz natürlichen Lüster. Der Begriff wurde vom französischen „lustre" für „Glanz" oder auch „Glasur" eingedeutscht.

Lycra®

Lycra® ist der geschützte Markenname für eine → Elastanfaser.

Loden

Mäander

Mäander

Der Mäander, ein verschlungenes, aber ewig fortlaufendes Bandornament, hat seinen Namen vom Büyük Menderes, einem 450 Kilometer langen Fluss, der in zahllosen Schlingen und Kurven Anatolien durchquert und im Altertum Mäander hieß. Das Mäandermuster war schon in vorgeschichtlicher Zeit bekannt, gehörte zu den Lieblingsornamenten der alten Griechen und erlebte später im Klassizismus eine große Renaissance. (siehe Bild oben)

Macramé

Das Macramé (es gibt auch die eingedeutschte Schreibweise Makramee) ist eine ursprünglich arabische Knüpftechnik, mit der spitzenähnliche Borten und Einsätze mit langen Fransen hergestellt werden. Gearbeitet wird mit fest gedrehten Garnen, die auf kunstvolle Weise miteinander verflochten und verknotet werden. Macramé-Arbeiten, wie sie in den Siebzigern z. B. als Blumenampelt beliebt waren, feiern gerade ihr Comeback. Feines Macramé kann als Gardinensockel infrage kommen.

Madeira-Stickerei

Die Madeira-Stickerei wurde nach ihrer Heimat, der portugiesischen Insel Madeira, benannt. Sie gehört sowohl zu den → Weißstickereien wie zu den → Lochstickereien. Nach einer Musterzeichnung werden mit einem Holzkegel Löcher in ein Grundgewebe aus weißem → Baumwollbatist oder → Leinen gebohrt und anschließend mit weißem Garn umstickt. Typisch sind Blumen- und Rosettenmotive.

Madras

Madras ist ein Begriff mit mehreren Bedeutungen: Einmal bezeichnet man einen → Gardinenstoff in → Dreherbindung mit eingewebten Figuren aus zusätzlichen und eventuell farbigen → Schussgarnen als Madras. Andererseits heißt auch ein großmustriger, meist auffallend bunter → Karostoff aus → Baumwolle Madras-Karo.

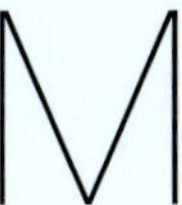

Zumindest das Karo ist dabei nach seinem indischen Ursprungsort, der Stadt Madras, benannt. (siehe Bild unten)

Mainstream

Mainstream, aus dem Englischen etwa übersetzt mit „Hauptströmung", bezeichnet als Modewort auch bei Textilien und im Interieur die stärksten allgemeinen Trends. Der Mainstream meint also die Haupttendenzen.

Mako-Baumwolle

Die Mako-Baumwolle hat ihren Namen ursprünglich von Mako Bey: Der ägyptische Gouverneur hatte um 1820 den → Baumwollanbau außerordentlich gefördert. Heute wird der Zusatz für ägyptische Baumwolle mit sehr langen Fasern verwendet, aus denen sich besonders feine und leichte Fäden spinnen lassen. Allerdings ist Mako-Baumwolle von Natur aus leicht gelblich und muss zum Färben → gebleicht werden. Übrigens: Einen aus dieser Art Baumwolle gefertigten → Kattun nennt man Mako-Tuch.

Madras

Mako-Satin

Der Mako-Satin ist ein sehr feiner und hochwertiger Stoff aus → Mako-Baumwolle, der hauptsächlich zu Bettwäsche verarbeitet wird.

Manchester

Manchester ist ein andere Bezeichnung für den breit gerippten → Genua-Cord, von dem große Mengen in der gleichnamigen englischen Textilmetropole produziert wurden.

Manilafaser

Manilafaser oder auch Manilahanf ist das eher irreführende Synonym für → Abacá. Der Name ist angelehnt an die Hauptstadt der Philippinen, den wichtigsten Exporthafen für diese Hartfaser. Kurzzeichen: AB

Marabout

Marabout nennt man eine → Veloursborte, deren Oberfläche gewölbt ist. Sie erinnert daher entfernt an eine Boa aus Federn des Marabu, einer tropischen Storchenart.

Marengo

Marengo hieß ursprünglich nur ein schwarzer → Wollstoff mit einer leichten weißen → Melierung. Generell gebraucht man den Begriff jedoch oft für „grau meliert".

Markisendrell

Der Markisendrell ist ein schwerer, fester → Drell, uni oder mit klassischen Markisenstreifen. Er wird als Markisenstoff, aber auch als Liegestuhlbespannung und Bezug für Gartenmöbelpolster verwendet. Früher webte man ihn mit → Baumwollkette und → Leinenschuss.

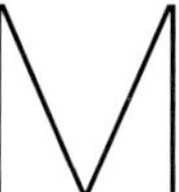

Da er jedoch extrem wetter- und fäulnisbeständig sowie → lichtecht sein muss, kommt er heute überwiegend aus → Chemiefasern wie → Polyacryl in den Handel.

Marquisette

Die Marquisette, ein besonders feiner, → gazeartiger → Gardinenstoff, wird in → Dreherbindung gewebt. Ihre gitterartige Struktur ist deshalb → schiebefester als bei → leinwandbindigen Gardinen. Marquisette ist zumeist aus Polyester, die sogenannte „echte Schweizer Marquisette" dagegen aus hochgedrehten, feinen → Baumwollzwirnen.

Maßbeständigkeit

Mit der Maßbeständigkeit eines Stoffes meint man im Allgemeinen, inwieweit er im Gebrauch seine ursprünglichen Abmessungen behält – also weder bei der Wäsche schrumpft, noch sich beim Bügeln verzieht oder als → Vorhang aushängt, das heißt verlängert. Die DIN 51962 legt die tolerierten Maßveränderungen von Textilien bei Wärmeeinwirkung exakt fest.

Matelassé

Der Matelassé, im Französischen heißt das Wort so viel wie „gepolstert", ist ein → Doppelgewebe mit einer reliefartigen Musterung. Durch sogenannte Füllschüsse in seinem Innern wirkt er wie → wattiert und abgesteppt. Matelassé kann als → Möbelbezugsstoff wie auch als schwerer → Dekostoff verarbeitet werden. Manchmal ist er farbig bedruckt. Besonders hochwertige Qualitäten sind aus → Seide und → Schurwoll-Kammgarnen.

Matrixfaser

Als Matrixfaser bezeichnet man → Chemiefasern, bei denen zwei artverschiedene → Polymere schon in der Spinnmasse vereinigt und dann gemeinsam ausgesponnen werden. Die Matrix ist dabei die Trägermasse der beiden Komponenten. Matrixfasern haben dann in einer Faser vereinigt Eigenschaften, die sonst nur getrennt zu haben sind, zum Beispiel Feinheit und niedriger Preis.

Mattdruck

Beim Mattdruck werden relativ dicke Pigmentpasten auf Stoff gedruckt, um spezielle Metall- oder Lackeffekte beziehungsweise Leuchtfarben zu erzielen. Da die Paste mit einer sogenannten Rakel aus Metall durch eine Blechschablone aufgestrichen wird, spricht man manchmal auch vom „Metalldruck".

Maulbeerseide

Maulbeerseide heißt nur die → Seide von den Kokons der Seidenspinnerraupe → Bombyx mori. Sie ernährt sich ausschließlich von den Blättern des Maulbeerbaumes. Im Gegensatz dazu stammten die → Wildseiden von einem Nachtschmetterling. Kurzzeichen: SE

Medaillon

Das Medaillon ist ein rundes oder ovales, meist umrahmtes Ziermotiv, das im Stoffdruck und in der → Jacquardweberei häufig vorkommt. Es war im Klassizismus und Biedermeier sehr beliebt und ist auch auf den → Toiles de Jouy oft zu sehen.

Mehrgratköper

Der Mehrgratköper ist ein → köperbindiger Stoff, bei dem die diagonal verlaufenden → Grate verschieden breit sind.

Mélange

Mélange, französisch für „Mischung", kann

M

mehreres bezeichnen: Garne, die aus verschiedenen Fasern oder Farben gesponnen sind, nennt man Mélange-Garne oder melierte Garne. Aber auch ein daraus gewebter Stoff heißt Mélange. Und ein Stoff, bei dem verschiedenartige → Kett- und → Schussgarne einen melierten Effekt ergeben, wird ebenfalls oft so genannt.

Mercerisieren

Das Mercerisieren ist ein → Ausrüstungsverfahren, um → Baumwolle glänzend zu machen. Dafür werden die Garne oder auch schon fertigen Stoffe bei 18 Grad Celsius in konzentrierte Natronlauge getaucht und dabei um zwei bis 15 Prozent gestreckt. Dadurch quellen die Fasern auf und der vorher bohnenförmige Querschnitt wird rund oder oval. Deshalb kann sich das Licht nun wie in einem Spiegel brechen und die Baumwolle glänzt. Dieser Glanz ist waschfest! Außerdem ist die mercerisierte Baumwolle reißfester, dimensionsstabiler, besser färbbar und sie läuft weniger ein. Erfunden hat diese Methode bereits 1844 der englische Chemiker John Mercer.

Merino

Merino nennt man die → Wolle des Merinoschafs und die daraus hergestellten Stoffe. Meist handelt es sich dabei um hochwertige → Kammgarnwaren, denn Merinowollen zählen zu den feinsten Wollqualitäten überhaupt. Schon etwa 700 nach Christus gelang den Mauren in Spanien die Zucht des Merinoschafs als Kreuzung aus ihrem heimischen „Kupferschaf" und dem „Römerschaf", das die Römer nach langwierigen Zuchtbemühungen hervorgebracht hatten. Der berühmte Kapitän Macarthur transportierte die neue Rasse Ende des 18. Jahrhunderts über Südafrika bis nach

Foto: Élitis

Mikrofasern

Australien. Und damit begann ein Siegeszug um die ganze Welt. Nicht nur wegen der Feinheit ihres Haars und der überraschenden Genügsamkeit der Tiere, sondern auch wegen der enormen Wollmengen, die sie liefern: Während ein Schaf in Deutschland vier bis fünf Kilogramm Wolle pro Jahr gibt, können es bei einem Merinoschaf als Spitzenwert bis zu zehn Kilogramm sein! Übrigens: Das würde für etwa zehn Herrenanzüge reichen!

Mikrofasern

Mikrofasern gelten als Chemiefasern der „vierten Generation" beziehungsweise der 90er-Jahre. Es handelt sich um Feinstfasern aus → Polyamid, → Polyester, → Polyacryl, → Viskose, → Modal oder → Propylen. Ihre Faserfeinheiten liegen in der Regel unter 1,0 → dtex. Die feinsten erreichen 0,3 dtex. Bei noch extremeren Feinheiten spricht man dann von Supermikrofasern. Technisch setzte die Produktion von Mikrofasern eine Änderung der

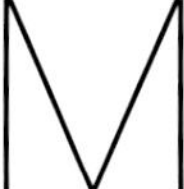

Spinnmasse und des Spinnverfahrens sowie eine Erhöhung der Spinngeschwindigkeit voraus. Erstmals gelang dies um 1980 in Japan. Grundidee der Forschungen war es gewesen, wasserdichte, aber wasserdampfdurchlässige Spezialgewebe für Extremsportarten zu entwickeln. Inzwischen haben Stoffe aus Mikrofasern als preiswerter → Seidenersatz neben der Mode auch den Interieurbereich erobert. Ihre Vorzüge: leicht, weich, fließend, seidig, knitterfrei, wärmehaltend, wasserabweisend, sehr haltbar, pflegeleicht und nicht einlaufend. Und dafür sind keinerlei chemische → Ausrüstungsverfahren erforderlich, deren Rückstände wiederum entsorgt werden müssten. Werden Mikrofasergewebe (auch in → Baumwollmischungen) gesandet oder geschmirgelt, entsteht der begehrte „Pfirsichhaut"-Effekt, der ohne die Feinstfasern nicht zu erreichen wäre. Übrigens: Ein rund um den Äquator geschlungener Faden der feinsten Mikrofasern würde gerade mal 450 Gramm wiegen! (siehe Bild S. 97)

Mikrofaser-Vliesstoffe

Mikrofaser-Vliesstoffe ist die technische Bezeichnung für sogenannte Lederimitate, wie beispielsweise → Alcantara® oder → Amaretta®. Für sie werden Supermikrofasern mit bis zu 0,01 → dtex zu einem → Vlies verwirbelt. Je feiner die Fasern, desto lederähnlicher sowie reiß- und → scheuerbeständiger die Ware. Man kann nappa-, nubuk- oder velourslederähnliche Oberflächen herstellen. (siehe Bild rechts)

Milieu

Das Milieu, aus dem Französischen übersetzt hieße es einfach „Mitte", wird in die Mitte des Tisches gelegt: Es handelt sich um eine kleine → Überdecke über der eigentlichen Tischdecke, die zugleich ziert und schützt. Alte Milieus sind oft mit kunstvollen Stickereien, zum Beispiel → Richelieu-Stickerei, verziert.

Millefleurs

Als Millefleurs, übersetzt heißt das „tausend Blüten", bezeichnet man Streublümchenmuster aus sehr vielen, sehr kleinen, dicht an dicht gesetzten Blütenmotiven. Meist werden sie gedruckt, es gibt sie aber auch gestickt oder → jacquardgewebt. Übrigens: Noch vor dem Stoff trug eine der ersten französischen Parfumkompositionen den Namen „Millefleurs" – das „Tausendblümchenwasser".

Mischgarne

Mischgarne bestehen aus verschiedenen Fasern, zum Beispiel einer → Naturfaser wie → Baumwolle und einer → Chemiefaser wie → Polyester. Beide Faserarten, manchmal sind es auch drei oder vier, werden bereits vor dem Verspinnen miteinander gemischt und dann zu einem einheitlichen Garn ausgesponnen.

Mischgewebe

Mischgewebe bestehen häufig aus → Mischgarnen oder aus Garnen verschiedener Fasertypen.

Modalfasern

Modalfasern sind → Spinnfasern auf → Zellulosebasis, die nach dem Prinzip des → Viskoseverfahrens hergestellt werden. Während verschiedener Produktionsphasen werden jedoch Modifizierungs-Chemikalien, sogenannte „Modifiers", zugesetzt. Dadurch bekommen die Fasern eine deutlich verbesserte Festigkeit gegen Dehnung in nassem und trockenem Zustand. Das bedeutet, dass sie auch bei hoher Beanspruchung und häufiger Wäsche sehr formbeständig sind. Gleichmäßigkeit, Feinheit, Schmiegsamkeit sowie gute Färb-

Foto: Élitits

Mikrofaser-Vliesstoffe

Möbelbezugsstoff

barkeit und → Mercerisierfähigkeit sind weitere Vorzüge der Modalfasern. Sie werden in → HWM-Fasern und → Polynosics unterteilt. Kurzzeichen: MD oder CMD

Modeldruck

Der Modeldruck ist die älteste → Handdruckmethode. Mit zunächst aus Holz geschnitzten Stempeln, den sogenannten → Modeln, wurde die Farbe auf den Stoff gedruckt. Um feinere Linien drucken zu können, verbesserte man später die Stempel mit Metallbändern. Chinesen und Inder waren die ersten Könner auf diesem Gebiet. In Deutschland bekam der Modeldruck im 12. und 16. Jahrhundert als Ersatz für die kostspieligen → Damaste und → Brokate Bedeutung. In Südfrankreich wurden im 17. Jahrhundert nach asiatischen Vorbildern die mit Modeln gedruckten → Indiennes entwickelt. Dort besitzen einzelne Hersteller heute noch große Modelsammlungen aus jener Zeit. Gegenwärtig spielt der Modeldruck nur noch im kunsthandwerklichen Bereich und beim → Blaudruck eine Rolle.

Möbelbezugsstoff

Möbelbezugsstoff meint dasselbe wie → Bezugsstoff. (siehe Bild links)

Mohair

Mohair heißt das wertvolle → Edelhaar der → Angora-Ziege, die aus Kleinasien stammt, heute aber hauptsächlich in Südafrika und Texas gezüchtet wird. Sie trägt nicht nur ein imposantes Gehörn und einen langen Ziegenbart, sondern auch ein beeindruckend langes, lockiges weißes Fell. Jedes Tier gibt pro Jahr etwa vier Kilogramm dieser von Natur aus glänzenden → Wolle. Ein einzelnes Haar kann bis 25 Zentimeter lang sein. Kürzer, aber noch feiner und zarter ist das → Kid-Mohair der Jungtiere. Doch auch das Mohair der erwachsenen Tiere ist leicht, weich, schmiegsam und sehr wärmend. Es hat praktisch alle Eigenschaften der Schafwolle – bis auf eine: Es → filzt nicht. Beim Mohair-Velours, einem der hochwertigsten und strapazierfähigsten → Möbelbezugsstoffe überhaupt, ist dies ein enormer Vorzug. Der → Utrecht-Samt ist eine mit Prägemustern zusätzlich aufgewertete Nobelvariante des Mohair-Velours. Kurzzeichen: WM

Moiré

Der Moiré ist ein zumeist → ripsbindiger, glänzender Stoff mit einer wasserzeichenartigen Musterung in Wellenlinien. Sie erscheint je nach Lichteinfall mehr oder weniger intensiv. Die schillernden Maserungen des „echten Moiré“ entstehen, indem man zwei Stoffbahnen übereinanderlegt und unter hohem Druck durch einen Walzenkalander laufen

Moiré

lässt. Man spricht auch von „Doublierware" oder „Moiré antique": Jedes Stück ist ein Unikat! Es gibt auch den „unechten Moiré", der sein Muster durch eine → Gaufrage erhält. Vorsicht: Moirés aus Naturfasern oder Viskose sind nicht waschbeständig! Beim → Jacquard-Moiré wird die Moirierung als Muster in verschiedenen → Bindungen eingewebt. Sie ist immer dauerhaft, schillert jedoch nicht. (siehe Bild S. 101 und rechts)

Mokett

Mokett als Sammelbegriff bezeichnet die verschiedenartigsten gemusterten → Möbelbezugsvelours. Sie können im → Pol aus → Baumwolle, → Wolle, → Mohair, → Leinen oder → Chemiefasern bestehen und auf → Schaft- oder → Jacquardwebstühlen hergestellt worden sein. Vereinzelt taucht noch die französische Schreibweise „Moquette" auf.

Moleskin

Der Moleskin, aus dem Englischen für „Maulwurfsfell", weist namentlich auf seinen weichen Griff und feinen Glanz hin. Das unifarbige → Baumwollgewebe entsteht in → Köper- oder → Schussatlasbindung mit hoher Schussdichte. Zum Veredeln wird es entweder linksseitig aufgeraut und heißt dann auch Englisch-Leder oder es ist rechtsseitig aufgeraut und wird Deutsch-Leder genannt.

Molton

Der Molton hat seinen Namen vom französischen „mollet" für „dick und weich". Damit wäre schon fast alles gesagt, denn es handelt sich um ein fülliges, weil beidseitig → aufgerautes → Baumwollgewebe. Ein richtiger Kuschelstoff, meist in → Leinwand- oder → Köperbindung, der vorwiegend als weißes Betttuch auf den Markt kommt. Es gibt aber auch den schwarzen, sogenannten Fotografen-Molton, der sich sehr gut als Verdunkelungsvorhang eignet.

Mottenschutz

Durch Mottenschutz hält man die Raupen der Kleider- und der Pelzmotte, deren Lieblingsnahrung → Wolle und → Edelhaare sind, von Wolltextilien fern. Oft werden die Fasern deshalb schon bei der Verarbeitung mit insektengiftigen Chemikalien wie Eulan® beziehungsweise Permethrin, Carbamaten, Organophosphaten, Organochlorverbindungen oder DDT (in Deutschland verboten) behandelt. Für Endverbraucher sind Mottenpulver und -kugeln mit den Atemgiften Naphthalin oder Kampfer im Handel. Diese Chemikalien sind hinsichtlich ihrer auch für Menschen und Haustiere nicht unbedenklichen gesundheitlichen Auswirkungen umstritten. Eine natürliche Alternative ist das Öl bestimmter Zedern, dessen Duft die Motten nicht mögen. Auch die Chrysanthemen-Arten cinerariifolium und coccineum vertreiben als Pulver die Insekten, werden jedoch meist mit Kampfer gemischt angeboten.

Mouliné

Der Mouliné, im Französischen heißt das Wort so viel wie „gezwirnt", ist ein → Zwirn aus zwei oder mehreren verschiedenfarbigen Fäden. Auch der daraus gewebte Stoff mit gesprenkeltem Aussehen, der sogenannten → Salz-und-Pfeffer-Optik, wird Mouliné genannt. Klassisch sind → Schurwollstoffe aus glatten → Kammgarnen in Mouliné-Musterung.

Mull

Mull, sein Name leitet sich von einem alten Hindi-Wort ab, kennt man heute hauptsächlich

Moiré

Foto: Nya Nordiska

Musselin

Foto: Élitis

als Windel- und Verbandmull. Doch das luftige, halbtransparente → Baumwollgewebe in → Leinwandbindung gibt auch eine leichte Gardine ab. Es kann bestickt werden oder ein eingewebtes Muster haben, wie zum Beispiel der → Tupfenmull.

Multicolor

Multicolor, genauer „multicolo(u)red", kommt aus dem Englischen und bedeutet bunt. Damit sind Textilien gemeint, die aus vielfarbigen Garnen bzw. → Zwirnen gewebt werden und deren Optik wie → Mélange erscheint.

Multikomponentengarn

Multikomponentengarn nennt man ein Garn, das aus unterschiedlichen → Chemiefasern gesponnen wird und deshalb auch die Eigenschaften der verschiedenen Fasertypen in sich vereint.

Musselin

Der Musselin (es gibt auch die französische Schreibweise Mousseline) wird häufig aus → Baumwolle, → Viskose oder auch → Wolle gewebt. Charakteristisch sind seine lose eingestellte → Leinwandbindung und das feine Garn. Er kommt uni oder bedruckt als leichter → Dekostoff in den Handel. Bei → Gardinenstoffen werden auch feine Webwaren mit einer → Kette aus endlosen → Filamenten und → Spinnfasergarnen oder → Effektgarnen im → Schuss Musselin genannt. Übrigens: Musselin dürfte mit zu den ältesten Stoffarten zählen – seinen Namen hat er von der Stadt Mossul am Tigris. (siehe Bild links)

N

Nadelspitze

Nadelspitze nennt man alle → Spitzen, die mit einer Nadel genäht beziehungsweise gestickt werden, also zum Beispiel die → Alençon-Spitze oder auch → Applikations- und Bändchenspitzen.

Nadelstreifen

Nadelstreifen sind die feinen, hellen Streifen, die einem dunkelgrundigen → Flanell- oder → Kammgarnstoff den männlich seriösen Chic geben. Nadelstreifen werden nur von ein bis zwei → Kettfäden gebildet und sehen deshalb wie mit der Nadel gestichelt aus. Diese dezente Musterung ist zwar in der Herrenmode zu Hause, doch seit der Business-Look auch im Interior beliebt ist, sind Nadelstreifen auch auf → Dekostoffen und insbesondere auf hochwertigen → Möbelbezugsstoffen zu sehen.

Nahtband

Das Nahtband ist ein schmales, → köperbindiges Band, meist → Baumwolle, mit dem Säume verlängert und stabilisiert werden können.

Nahtlos

Als nahtlos bezeichnet man → Vorhang- und → Gardinenstoffe, die in Raumhöhe, also in der Regel drei Meter breit, hergestellt werden. Am Fenster verarbeitet man sie dann quer. Dadurch muss man nicht mehrere Stoffbahnen mit Nähten aneinandersetzen.

Nassausrüstung

Zur Nassausrüstung zählt man all jene → Ausrüstungsprozeduren, die im nassen Zustand und mit teilweise erheblichem Wassereinsatz vollzogen werden, wie etwa das Waschen und → Walken bei der Veredelung von → Wollstoffen.

Nassknitterverhalten

Das Nassknitterverhalten ist ein Qualitätskriterium bei → Gardinenstoffen. Sie sollen nach der Wäsche, wenn man sie tropfnass zum Trocknen aufhängt, nicht oder nur wenig knittern.

Nassspinnverfahren

Im Nassspinnverfahren werden verschiedene → synthetische → Spinnfasern hergestellt: Man presst eine flüssige Spinnmasse mit hohem Druck durch feine Düsen in ein Fällbad, wo sie durch eine chemische Reaktion zu festen Fasern erstarrt. Sofort, also noch nass, werden die Fasern aufgespult.

Natté

Natté heißt im Französischen so viel wie „geflochten“ und ist eigentlich nur eine andere Bezeichnung für den → Panama mit seinem flechtwerkartigen → Bindungsmuster.

Naturbast

Als Naturbast bezeichnet man im Gegensatz zum → synthetisch hergestellten → Kunstbast den aus den Blattfasern der Raphia-Palme gewonnenen → Bast.

Naturfarben

Naturfarben sind alle aus der Natur kommenden, also nicht synthetisch hergestellten Farbstoffe, wie zum Beispiel → Indigo, → Krapp oder → Cochenille. Als naturfarben bezeichnet man jedoch auch ungebleichte und ungefärbte → Naturfasern und die Textilien daraus.

Naturfasern

Zu den Naturfasern zählen alle in der Natur vorkommenden, nicht → synthetisch hergestellten Textilfasern, also die → Pflanzenfasern wie → Baumwolle, → Leinen, → Ramie oder →

Foto: Apelt

Naturfasern

Hanf und die → tierischen Fasern wie → Seide, → Wolle und → Edelhaare. (siehe Bild S. 107)

Naturseide

Mit Naturseide ist jede echte → Seide gemeint, deren → Endlosfasern von den Raupen eines Seidenspinners gesponnen wurden. Sie zählt zu den → Naturfasern tierischen Ursprungs. Häufig werden jedoch fälschlicherweise solche Seidenstoffe Naturseiden genannt, die eine besonders „natürlich" wirkende Optik haben, wie etwa → Wildseide oder → Bourette-Seide.

Nessel

Der Nessel ist ein schlichter, → leinwandbindiger Stoff aus einfachen → Baumwollgarnen. Er kommt entweder naturweiß oder → gebleicht und in vielen verschiedenen Breiten in den Handel. Häufig wird er als Druckgrundware verwendet. Man unterscheidet den relativ groben → Cretonne vom feinfädigeren → Renforcé und dem noch feineren → Kattun. Übrigens: Seinen Namen hat der Nessel daher, dass solche Gewebe früher tatsächlich aus den Fasern von Nesselgewächsen, wie zum Beispiel der Brennnessel, gewebt wurden!

Netzfransen

Von Netzfransen spricht man, wenn die Fransen einer → Borte untereinander zu einem kunstvollen Netz verknotet sind. Oft werden zusätzlich noch kleine → Pompons oder → Quasten mit eingearbeitet. (siehe Bild rechts)

Nm

Nm, die Abkürzung für „Nummer metrisch", ist eine ältere Einheit zur Feinheitsangabe von Garnen und → Zwirnen aus → Spinnfasern. Sie gibt an, wie viele Meter eines Fadens ein Gramm wiegen. Nm 20 heißt also beispielsweise, dass 20 Meter dieses Garns ein Gramm wiegen.

Noncolors

Als Noncolo(u)rs bezeichnet man Schwarz und Weiß sowie all die „farblosen" Töne zwischen Sand, Erde, Kitt, Schlamm, Khaki, Taupe, Grau, Stein und dergleichen.

Nonwovens

Nonwovens, aus dem Englischen für „die Nichtgewebten", nennt man Textilien, die weder gewebt noch → gewirkt sind, also → Vliese aus unversponnenen Fasern. → Filz ist ein typischer Nonwoven. Auch bei Tapeten weist der Name auf das Trägermaterial Vlies hin.

Noppengarn

Noppengarn hat regelmäßige oder unregelmäßige Verdickungen, sogenannte Noppen. Sie können entweder aus dem natürlichen Fasermaterial entstehen wie bei → Leinen oder durch kleine Faserknäuel, die wie bei → Synthetics zusätzlich eingesponnen werden. Mit dieser Textur sollen Stoffe zumeist einen „Homemade"-Charakter bekommen.

Nottingham-Spitze

Die Nottingham-Spitze hat ihren Namen von der mittelenglischen Stadt, einem traditionellen Zentrum der Spitzenherstellung. Die Engländer waren die Ersten, die die begehrten Feintextilien im 19. Jahrhundert auch maschinell herzustellen begannen. Nottingham-Spitze wurde hauptsächlich als Gardine verwendet. Aus relativ grober → Baumwolle gefertigt, imitierte sie handgearbeitete Motive aus dem 16. Jahrhundert, war aber bedeutend preiswerter und machte deshalb der → Brüsseler Spitze Konkurrenz. Sie wird heute noch hergestellt und ist

N

typischerweise von regelmäßigen horizontalen Linien strukturiert.

Nouveauté

Als Nouveauté, das französische Wort für „Neuheit", werden neue Textilkreationen mit ausgesprochen modischem Touch bezeichnet, denn dieser Begriff kommt aus der Haute Couture.

Nylon

Nylon ist ein Gattungsbegriff für → Polyamidfasern, jedoch kein geschützter Markenname. Basis ist das Polyamid 6.6 aus AH-Salz (Adipinsäure und Hexamethylendiamin). Die Fasern werden im → Schmelzspinnverfahren produziert. Wie auch andere Polyamide ist Nylon hochelastisch, sehr reißfest und → scheuerbeständig, schnell trocknend, knitterfest, mottensicher, laugenfest, fäulnisbeständig und → plissierfähig. Allerdings neigen weiße Nylonartikel zum → Vergilben und → Vergrauen, da ihre weiße Farbe durch → optische Aufheller entsteht. Bei der Herstellung der Adipinsäure wird Lachgas (Distickstoffoxid) frei, das zu den sogenannten Treibhausgasen gehört.

Netzfransen

Foto: Élitis

Foto: Saum & Viebahn

Ombré

O

Objektbereich

Mit Objektbereich ist im Gegensatz zur Einrichtung von Privatwohnungen das Ausstatten von Büros, Praxen, Restaurants, Hotels und anderen größeren, meist gewerblich genutzten Objekten gemeint. Ebenso wie das Mobiliar müssen auch die Textilien wegen der starken Beanspruchung im Objektbereich deutlich höhere Strapazierqualitäten aufweisen und strenge Sicherheitsstandards, wie zum Beispiel → Schwerentflammbarkeit, erfüllen.

Occhi-Spitze

Die Occhi-Spitze hat ihren Namen vom italienischen „occhio“ für „Auge“. Lange bevor sie nach Europa kam, war sie aber schon in China und im alten Ägypten bekannt. Die Fäden für Occhi-Arbeiten werden auf kleine → Schiffchen aufgewickelt, deshalb gibt es auch die Bezeichnung Schiffchenspitze. Äußerst kunstvoll knüpft man damit filigrane Ringe und Bogen. Erst zum Schluss, wenn man genügend solcher Einzelmotive hat, werden sie miteinander zu einem großen Muster verbunden.

Ombré

Der Ombré, das französische Wort für „schattiert“, ist ein Stoff, der ähnlich dem → Dégradé mit Hell-dunkel-Verläufen, aber auch mit Farbverläufen von intensiv zu blass oder von einer Farbe zu einer anderen spielt. Gedruckte Ombrés sind preiswerter. Teurer wird ein → kettgemusterter Ombré mit Kettfäden in einer abschattierten Farbfolge oder der „Bindungs-Ombré“, der den Effekt durch einen raffinierten, stufenlosen → Bindungswechsel im Gewebe erzielt. (siehe Bild links und rechts)

Ondé

Ondé bedeutet im Französischen so viel wie „wellig“ und bezeichnet ein → Effektgarn mit einer fast korkenzieherartigen Struktur.

Optische Aufheller

Optische Aufheller werden auch „Weißmacher“ genannt. Diese Chemikalien können bei → Synthetics, wie zum Beispiel → Polyamidfasern, schon in die Spinnmasse mit eingeschmolzen werden. Bei → Naturfasern kann man optische Aufheller durch Waschen an die Fasern anlagern. Jedes Vollwaschmittel enthält heute optische Aufheller. Es handelt sich dabei nicht um weiße Farbstoffe, sondern um Stoffe, die die Lichtbrechung auf den Fasern derart verändern, dass mehr Licht reflektiert wird und die Textilien dadurch weißer erscheinen. Diese chemischen Weißtöner sind jedoch umstritten: aus Umweltschutzgründen und weil Gewebe, an die sich zu viele oder zu wenige optische Aufheller anlagern, → vergrauen können.

Ombré

O

Organza

Organdy

Der Organdy oder auch Organdin ist ein dauerhaft → gestärkter, halbtransparenter, sehr feiner → Baumwollstoff. Er ahmt sozusagen den → seidenen → Organza nach. Wie sein edles Vorbild wird auch er in → Leinwandbindung gewebt und zu → Vorhängen, Tischwäsche und Kissenüberzügen verarbeitet.

Organsin

Organsin (es gibt auch die Schreibweise Organzin) heißen sehr edle, → ketttaugliche → Seidenfäden. Um sie herzustellen, werden zunächst → Grègefäden filiert, das heißt stärker gedreht, was einem → Zwirnen gleichkommt. Danach werden mehrere dieser filierten Grègefäden miteinander verzwirnt, diesmal aber in umgekehrter Drehrichtung, was man Moulinieren nennt. Das Ergebnis ist der sehr gleichmäßige und als Kettmaterial verwendbare Organsin. Je nach Stärke der Drehung spricht man von → Taftzwirnung, → Satinzwirnung oder → Samtzwirnung. Bei besonders hoher Drehung entsteht → Grenadine, ein Seidenkreppgarn.

Organza

Echter Organza ist ein hochfeiner, halbtransparenter → Seidenstoff in → Leinwandbindung. Er besitzt eine gewisse Steife und wird vor allem für → Vorhänge, Tischwäsche und Kissenbezüge verwendet. Der Begriff Organza wird fälschlicherweise aber auch oft für → Gardinenstoffe aus monofilen Fäden oder mit Folienfäden im → Schuss verwendet. (siehe Bild links)

Outdoor-Stoffe

Outdoor-Stoffe nennen sich Textilien, die durch ihre besonderen Eigenschaften den Außenbereich gestalten können. Sie sind → lichtecht, resistent gegen Regen-, Meer- oder Chlorwasser, schmutzabweisend, strapazierfähig und pflegeleicht. Viele sind aus → Polyacryl, wie z. B. → Dralon®, oder → Polyester sowie → Polypropylen. (siehe Bild rechts)

Foto: JAB Anstoetz

Outdoor-Stoffe

Paisley

Foto: Matthew Williamson / Osborne & Little

P

Paillette

Die Paillette, aus dem Französischen für „Flitter“, ist ein kleines, glänzendes Metallplättchen. Es hat ein Loch und kann auf Stoffe aufgenäht werden. Diese sogenannte Paillettenstickerei wird oft noch mit Perlchen kombiniert. In der Haute Couture verwendet man den Namen Paillette auch für besonders glänzende und fließende → Atlasstoffe. Übrigens: Die echten Goldkörnchen, die von Goldsuchern aus dem Flusssand gewaschen werden, nennen die Franzosen ebenfalls Pailletten. (siehe Bild unten)

Paisley

Das Paisley ist ein typisches Motiv aus dem ehemaligen Fürstentum Kaschmir im Himalaja, tropfenförmig mit umgebogener Spitze. Dennoch hat es seinen Namen von der schottischen Stadt Paisley bekommen, im 19. Jahrhundert ein Zentrum der Weber, Drucker, Färber, Sticker und Fransenhersteller. Ursprünglich zierte das Paisley als gewebtes (!) Muster → köperbindige Schals, die seit dem 15. Jahrhundert in Kaschmir gefertigt wurden. Dort hieß das Motiv „buta“, was „Blume“ bedeutet. Erst gegen Ende des 18. Jahrhunderts begann die East India Company, diese wertvollen Stücke nach England zu importieren, wo sie sofort zu einem begehrten, aber teuren Modeartikel wurden. Bald stellten Edinburgh, Norwich und Spitalfields billigere → Imitationen her. Und zuletzt auch jene Stadt, die dem Muster den Namen gab. Neben den aufwendig zu webenden Paisleystoffen gab es ab der Mitte des 19. Jahrhunderts auch per → Model bedruckte. Nach der Erfindung des Zylinderdrucks am Ende des Jahrhunderts wurden die immer begehrteren Stoffe noch preiswerter. Übrigens: Obwohl das Paisley nach einer englischen Stadt benannt ist, waren doch die Franzosen führend in der Weiterentwicklung dieses unverkennbaren Motivs: Es schmückte die handbedruckten → Indiennes ebenso wie die kostbaren Lyoner → Seidengewebe des 19. Jahrhunderts. (siehe Bild links)

Palmette

Palmette nennt man ein symmetrisches, fächerförmiges Blattornament, das an ein Palmblatt erinnert. Es wird vielfach als Stoffdessin gewebt und gedruckt, vor allem bei Stilstoffen – ein typisches → Damastmotiv. Schon in der griechischen Kunst taucht die Palmette häufig auf und ziert zahlreiche Friese. Sie entstand dort vermutlich um das 6. Jahrhundert vor Christus. Seitdem wurde das Motiv in vielen nachfolgenden Stilepochen variiert, besonders wenn auf die Formen der Antike historisierend Bezug genommen wurde.

Panama

Panama heißt eine → Bindung, die von der → Leinwandbindung abgeleitet wird. Dabei

Paillette

P

kreuzen sich nicht nur ein → Kett- und ein → Schussfaden, sondern immer gleich zwei oder mehrere. Deshalb gilt der Panama auch als Kombination aus → Längs- und → Querrips. Wegen seiner Optik wird auch von Würfelbindung oder Mattenbindung gesprochen. Das griffige, leicht körnige Gewebe hat an den Kreuzungspunkten kleine „Luftlöcher". Es ist deshalb luftdurchlässiger als Leinwand, aber nicht ganz so → schiebefest.

Panné-Samt

Der Panné-Samt, häufig auch einfach Panné genannt, hieß früher meist Felbel oder → Zylinder-Samt, weil er bevorzugt für Zylinder verarbeitet wurde. Gemeint ist ein → gelegter Velours, also ein → Samt mit platt gewalztem → Flor. Da er meist aus → Seide oder → Acetat gewebt oder → gewirkt wird, glänzt der Flor nach dem Legen in → Strichrichtung stark. Deshalb spricht man auch von → Spiegelsamt. Als zusätzlichen Effekt erhält Panné-Samt oft eine → Crashstruktur. (siehe Bild rechts)

Panneau

Panneau bedeutet aus dem Französsichen übersetzt „Stoffbahn" oder auch „Platte" sowie „Tafel". Es handelt sich um ein abgepasstes Stück Stoff, meist mit einem bildhaften Motiv. Das kann zum Beispiel eine → Caféhaus-Gardine sein, eine → Vorhangbahn mit → raumhohem Motiv oder ein als Wandbehang gedachtes Gewebe. Oft werden Panneaus in Rahmen gespannt, wie bei Paravents.

Pantone® Professional Colour System

Das Pantone® Professional Colour System ist ein internationales System für die Kontrolle, Spezifikation und Darstellung von Farben auf Papier und Textilien – und zur besseren Kommunikation darüber. Es umfasst 1700 Standardfarbtöne und zählt zu den weltweit am meisten benutzten Farbsystemen.

Paramentenstoffe

Als Paramentenstoffe bezeichnet man Gewebe, die speziell für die Verwendung im christlichen Gottesdienst hergestellt werden – etwa Talarstoffe oder Altardecken, die in ihren Farben und Motiven symbolische Bedeutung haben. Es kann sich um hochwertige → Damaste, → Brokate oder → Tapisserien handeln.

Pashmina

Pashmina gilt auch als das „feinste Kaschmir der Welt". Dieses rare Edelhaar stammt von Kaschmir-Ziegen, die in Nepal, Kirgisien und bestimmten Regionen Indiens leben und dort Pashmina-Ziegen genannt werden. Es wird ausgekämmt, vom groben Deckhaar befreit und sehr fein ausgesponnen. Um seinen Preis zu senken, wird Pashmina auch mit → Seide gemischt.

Paspel

Eine Paspel ist dasselbe wie ein → Keder.

Passementrie

Passementrie nennt man die → Posamenten auf Französisch.

Patchwork

Patchwork heißt im Englischen eigentlich „Flickwerk". Für Decken, Kissen und Wandbehänge in Patchwork werden Stoffstücke mosaikartig zusammengenäht, sodass daraus ein neues Muster entsteht. Auch Druckmuster oder → Jacquardstoffe greifen die Patchwork-Optik auf und → imitieren sie, zum Beispiel bei Stoffen für Kinderzimmer.

Panné-Samt

Patina

Patina wird eigentlich als der grüne, braune oder schwarze Edelrost definiert, der mit den Jahren auf Kupfer und Bronze entsteht. Generell versteht man unter Patina mittlerweile jedoch jede in Schönheit gealterte Oberfläche, sei es nun Holz mit Gebrauchsspuren und abgeblättertem Lack oder seien es Stoffe in ausgewaschenen Farben oder mit abgewetzt aussehender Oberfläche. Jedoch: Nicht alles, was nach Patina aussieht, ist wirklich alt: Viele chemische oder mechanische Verfahren können auf Textilien künstlich Patina erzeugen.

Patrone

Die Patrone ist eine technische Zeichnung, die die → Bindung eines Gewebes grafisch darstellt. Auf kariertem Papier wird jede Hebung eines → Kettfadens als schwarzes oder rotes Kästchen eingetragen, jede Kettfadensenkung ist als frei gebliebenes Kästchen zu erkennen. Früher war das Patronieren von Hand (!) eine wichtige Arbeit auf dem Weg von der Idee bis zum Gewebe im → Webstuhl. Heute ist es durch Computersteuerung nahezu überflüssig.

Pepita

Pepita, Inbegriff der Stoffmuster der 60er-Jahre, heißt ein → Hahnentrittmuster im Miniformat: In → Kette und → Schuss wird dieses kleine → Karo in der Farbfolge vier Fäden Weiß, vier Fäden Schwarz gewebt, und zwar im → Köper 2/2.

Perkal

Der Perkal ist ein glatter, feiner → Baumwollstoff in → Leinwandbindung, etwa mit dem → Batist vergleichbar, aber dichter. Häufig wird er sogar daunendicht gewebt und dann auch Daunenperkal oder Daunenbatist genannt.

Perlstich

Perlstich heißt der → Petit-Point-Stich auf Deutsch.

Persenning

Die Persenning ist ein wasserabweisend ausgerüstetes → Segeltuch, das eigentlich für Boote und Zelte gedacht ist, teilweise aber auch für Markisen und die sogenannten Regiestühle verwendet wird.

Petit Point

Die Petit-Point-Stickerei ist eine feine → Gobelin-Stickerei auf → Stramin. Aus dem Französischen übersetzt hieße der Petit-Point-Stich „kleiner Punkt", was sein Aussehen gut beschreibt. Im Deutschen wird er auch „halber Kreuzstich" genannt, was wiederum seine Stickweise verdeutlicht. Die kleinen Stiche werden mit einem fülligen → Wollfaden, seltener mit → Seide, dicht an dicht auf feinsten Stramin gesetzt und bedecken so völlig dessen Oberfläche. Es gibt Arbeiten mit bis zu 25 Stichen pro Quadratzentimeter. Eine erste Blüte erlebte die Petit-Point-Stickerei im 16. Jahrhundert, als man die noch harten hölzernen Sitzmöbel mit bestickten Kissen komfortabler machte. Später wurde sie zum Zeitvertreib feiner Damen und durchlief alle stilistischen Moden. Wegen der Steife des Stramins stickte man im 18. und 19. Jahrhundert auch Petit-Point-Teppiche als preisgünstige → Imitation orientalischer Knüpfteppiche. Sie waren allerdings nicht sehr haltbar und sind heute begehrte Sammlerstücke. Übrigens: Teilweise wird Petit-Point-Stickerei auch als Wiener Arbeit bezeichnet, was auf Wien als mögliche Heimat hindeutet.

Pflanzenfasern

Pflanzenfasern nennt man alle aus Pflanzen gewonnenen Textilfasern. Man unterteilt sie in die sogenannten → Samenfasern, wie → Baumwolle oder → Kapok, und die sogenannten → Bastfasern, zu denen → Stängelfasern wie → Leinen, → Ramie, → Hanf oder → Jute gehören. Zu den Hartfasern rechnet man die nur für Teppiche geeigneten Fasern wie Kokos und Sisal. Übrigens: Alle Pflanzenfasern sind → Zellulose-Fasern.

Pfauenauge

Pfauenauge ist ein Webmuster mit winzigen Pünktchen. Es entsteht auf → Kammgarnstoffen durch den Farbwechsel von je zwei hellen und dunklen Fäden in → Kette und → Schuss.

Pflatschdruck

Beim Pflatschdruck werden Stoffe über die gesamte Bahnbreite bedruckt.

Pfeffer und Salz

Pfeffer und Salz nennt man eine → Mouliné-Musterung, bei der in → Kette und → Schuss durchgängig die Farbfolge ein Faden Weiß, ein Faden Schwarz eingehalten wird. Gewebt wird in → Köper 2/2, wodurch ein feines Treppchenmuster entsteht, das entgegen dem Köpergrat von links oben nach rechts unten verläuft. Insgesamt hat Pfeffer und Salz eine etwas unruhige Optik, die eben an eine → Mélange der beiden Gewürze erinnert. Wenn man den Stoff mit rein weißen oder schwarzen Partien streift oder kariert, erscheint er wieder ruhiger.

Pflegeleicht-Ausrüstung

Von Pflegeleicht-Ausrüstung spricht man, wenn Textilien beispielsweise mit Kunstharzen getränkt wurden, dadurch beim Waschen weniger Wasser aufnehmen, deshalb schneller trocknen, formstabiler bleiben und auch nicht so stark knittern.

Pflegesymbole

Mit Pflegesymbolen wird heute aufgrund inter-

P

Piqué

nationaler Vereinbarungen jeder Stoff gekennzeichnet, jedoch nur auf freiwilliger Basis. Allerdings sind die verwendeten Symbole und ihre genaue Reihenfolge auf den Etiketten – nämlich Waschen, Chloren, Bügeln, chemisch Reinigen, Tumblern – international verbindlich festgelegt. (siehe auch Übersicht ab S. 188)

Phantasiegewebe

Als Phantasiegewebe bezeichnet man solche Stoffe, deren → Bindung sich weder einer der drei Grundbindungen noch den daraus abgeleiteten Bindungen zuordnen lässt – sie sind eben in einer Phantasie-Bindung gewebt.

Picots

Picots heißt im Französischen so viel wie „Spitzen" im Sinne von „Keilen" oder „Splittern". Der Begriff benennt kleine zacken- oder schlingenartige Verzierungen bei der Spitzenherstellung. Der deutsche Name „Mäusezähnchen" ist da bildhafter. Picots werden häufig als Kantenschmuck gearbeitet.

Pigmentfarbstoffe

Pigmentfarbstoffe enthalten an sich unlösliche Farbpigmente, die aber durch ein Lösungs- oder Bindemittel in Lösung gebracht und dann an Fasern angelagert werden können. Da die Farbe also nicht in die Fasern eindringt, sondern nur auf ihrer Oberfläche haftet, werden zum Teil auch nur geringere Echtheiten erzielt. Zu den organisch natürlichen Pigmenten gehört das → Indigo, zu den anorganisch natürlichen Pigmenten zählen Erdpigmente wie Ocker oder Grafit. Anorganisch künstliche Pigmente sind Mineralpigmente wie Kobaltblau oder Chromgelb, organisch künstliche Pigmente sind beispielsweise die Azo-Pigmente oder die Indigoide. Ursprünglich wurde ausschließlich die letzte Gruppe als Pigmentfarbstoffe bezeichnet.

Piqué

Der Piqué (es gibt auch die eingedeutschte Schreibweise Pikee) ist ein Gewebe mit reliefartiger und oft waffelähnlicher Oberflächenstruktur. Übersetzt bedeutet der französische Begriff so viel wie „abgesteppt", was den sogenannten „echten Piqué" auch recht gut beschreibt: ein → Doppelgewebe, meist aus weißer → Baumwolle, aus zwei → Kett- und zwei → Schusssystemen. Die straff gespannte sogenannte „Steppkette" bewirkt, dass sich das Obergewebe dem Muster entsprechend zusammenzieht und nach oben wölbt.
Echte Piqués sind klassische Bettüberwürfe. Anders der → Waffel-Piqué, auch „falscher Piqué" genannt: kein Doppelgewebe, aber in der speziellen Piqué-Bindung gewebt, die die gewürfelte, eben waffelartige Struktur ergibt. Waffel-Piqués aus Baumwolle sind typische Wäschestoffe für den Bad- und Schlafbereich. Die sogenannte Piqué-Stickerei war die Vor-

Plissee

läuferin des gewebten „echten Piqués“. Mit einfachen Heftstichen werden dabei zwei Stofflagen mustermäßig zusammengefasst, wobei Füllfäden oder Wattierungen einen Reliefeffekt erzeugen. Dies war im 18. Jahrhundert eine gebräuchliche Technik für Bettdecken. Auch der amerikanische → Quilt und die französischen → Boutis sind im Grunde Piqué-Stickereien, sofern sie handgemacht werden. (siehe Bild S. 119)

Pilling

Mit Pilling ist die unschöne Neigung mancher Textilien gemeint, beim Gebrauch auf der Oberfläche kleine Faserknötchen zu bilden. Aus dem Englischen übersetzt hieße der Begriff etwa „Pillen drehen“. Das Problem entsteht meistens bei → Chemiefasern beziehungsweise Fasermischungen, zum Beispiel auch mit → Woll- oder → Mohairanteil. Das Knötchen entsteht aus frei werdenden, feinen Fasern, die sich um das offene Ende von festeren Fasern schlingen, die ihrerseits aber am anderen Ende noch im Stoff eingebunden sind. Je loser und flauschiger ein Garn oder Gewebe, umso größer ist die Gefahr des Pillings.

Plaid

Das Plaid kommt ursprünglich aus Schottland, wo man schon seit Jahrhunderten Wollstoffe in großzügigen → Karos webt. Der Begriff Plaid bezeichnet sowohl die daraus in verschiedenen Größen hergestellten Decken wie als Musterungsbegriff die typischen Plaidkaros, die auch aus anderen Materialien gewebt werden können. Generell spricht man heute bei allen Decken, wenn sie nicht zu groß sind, von Plaids.

Plattstich

Der Plattstich wird ähnlich dem Steppstich dicht an dicht, jedoch nicht hinter-, sondern nebeneinander gestickt. Füllt man mit ihm beispielsweise Blatt- oder Blumenmuster aus, bekommen diese eine glatte, also „platte“ Oberfläche. Da er sehr häufig für Stickereien mit floralen Motiven angewendet wird, nennt man ihn auch Blattstich.

Plauener Spitze

Die Plauener Spitze hat ihren Namen von der Stadt Plauen, dem Zentrum der vogtländischen → Spitzen- und Gardinenproduktion. Seit dem 19. Jahrhundert wird dort maschinell eine regionaltypische → Ätzspitze mit überwiegend floralen Motiven produziert.

Plissee

Plissee kommt vom französischen „plissé“ und heißt übersetzt etwa „gefältelt“, was den Stoff mit diesem Namen schon recht gut beschreibt. Plissees sind Gewebe oder → Gewirke mit dauerhaft haltbaren → Falten. Das gebräuchlichste ist das → Ausrüstungsplissee, für das der Stoff auf Plissiermaschinen mit Hitze in Falten gepresst wird. Dieses Verfahren eignet sich für → Chemiefasern und → Wolle. Bei → Zellulose-Fasern müssen Kunstharze mit eingelagert werden. Ausrüstungsplissee kann in kleinere oder tiefere, regelmäßige oder unregelmäßige und zickzack- oder wellenartige Falten gelegt werden. Schrumpfplissee entsteht durch das abwechselnde Einweben von schrumpfenden und nicht schrumpfenden Fäden ins Gewebe. Webplissee erhält seine Fältchen durch Kettfäden mit unterschiedlicher Spannung. Beim → Bindungsplissee sorgt eine spezielle Bindungstechnik für den Faltenwurf. (siehe Bild links)

Plüsch

Der Plüsch hat seinen Namen vom italienischen Wort „pelochino“ für „Härchen“ und

P

dem davon abgeleiteten französischen „peluche“ für → samtartige, plüschige Stoffe. Damit ist eigentlich alles gesagt: Plüsche sind Gewebe oder → Gewirke mit → Flor von mindestens drei Millimeter Höhe. Gewebt werden sie in der Regel in → Rutensamttechnik.

Pointillé

Als Pointillé bezeichnet man Stoffe mit Mustern, die als größere oder kleinere Punkte erscheinen. Der Begriff ist aus dem Französischen abgeleitet: von „point“ für Punkt.

Pol

Pol ist ein anderes Wort für → Flor.

Polfäden

Polfäden sind diejenigen Fäden in einem Gewebe oder → Gewirke, die den → Pol beziehungsweise → Flor bilden. Bei aufgeschnittenem Flor kann man sie herausziehen.

Polka Dot

Mit Polka Dot meinen die Engländer „Tupfen“. Der Name für das große, plakative Punktmuster ist von der Polka inspiriert, einem fröhlichen traditionellen Rundtanz.

Polkette

Mit Polkette sind diejenigen → Kettfäden in einem → Florgewebe, also zum Beispiel → Samt, gemeint, die den → Flor beziehungsweise → Pol bilden. Sie werden im → Rutensamtverfahren beim Weben über Stäbe, die sogenannten Ruten, in Schlingen gelegt, die man dann aufschneidet. Außer der Polkette haben Florgewebe immer noch ein weiteres Kettfadensystem, das für die → Bindung des Fondgewebes sorgt. Auch in der sogenannten Doppelvelourstechnik wird mit Polkette gearbeitet.

Polsterstoff

Polsterstoff ist eine andere Bezeichnung für → Bezugsstoff. (siehe Bild rechts)

Polware

Polware meint dasselbe wie → Florgewebe.

Polyacryl

Polyacryl heißt genau genommen Polyacrylnitril und ist eine → Chemiefaser, die seit 1950 kommerziell produziert wird. Zunächst wird dieses → Polymer als weißes Pulver aus dem Erdölbestandteil Propylen und Ammoniak gewonnen. Es löst sich nur in wenigen Lösungsmitteln, wie zum Beispiel Dimethylformamid. Der größte Teil wird ähnlich wie → Viskose im → Nassspinnverfahren zu → Spinnfasern ausgesponnen. Möglich ist jedoch auch das → Trockenspinnverfahren, bei dem das Lösungsmittel verdampft. Je nach Spinnverfahren, Ausspinnung und Modifikation können Hunderte verschiedene Acrylfasern mit völlig unterschiedlichen Eigenschaften entstehen. Grundsätzliche Eigenschaften sind Leichtigkeit, Weichheit, starke Bauschkraft, geringe Feuchtigkeitsaufnahme, gute Wärmehaltung, Festigkeit, → Scheuerbeständigkeit sowie Licht- und Wetterbeständigkeit. Acryl schrumpft nach dem Fixieren nicht mehr, → filzt auch nicht, neigt weniger zum → Pilling als → Polyamid, lädt sich elektrostatisch auf, ist pflegeleicht, schnell trocknend und für Motten uninteressant. Polyacryle eignen sich gut zum Mischen mit → Schurwolle und zum Herstellen von → Webpelzen oder strapazierfähigen → Bezugsstoffen. Von Polyacryl spricht man bei einem Anteil von mindestens 85 Prozent an Polyacryl-Polymerisaten in der Spinnmasse. Bekannte Markennamen sind unter anderem → Dralon®, → Dolan® und

Foto: Designers Guild

Polsterstoff

Foto: Nya Nordiska
Polyester

Orlon®. Kurzzeichen: PC oder PAN. Liegt die Acrylkomponente nur zwischen 50 und 85 Prozent, wird die Bezeichnung Modacryl verwendet. Die anderen zugesetzten Chemikalien fördern die Löslichkeit der Spinnmasse und die Anfärbbarkeit der Fasern. Modacryl ist → schwer entflammbar. Markennamen sind beispielsweise Acrilan®, Verel® und eine Dralon®-Version. Kurzzeichen: MA oder MAC

Polyamid

Polyamid ist eine → Chemiefaser, die in zwei verschiedene Arten unterteilt wird: Polyamid 6 aus Caprolactam ist unter dem Markennamen Perlon® bekannt geworden. Seine Reißfestigkeit übertrifft die von Polyamid 6.6 etwas. Das Polyamid 6.6 ist unter dem Gattungsbegriff → Nylon geläufig. Es wird aus dem sogenannten Nylon- oder AH-Salz hergestellt, das aus Adipinsäure (bei deren Herstellung Lachgas, eines der sogenannten Treibhausgase, frei wird) und Hexamethylendiamin besteht. Seine Dehnfähigkeit ist höher als die von Polyamid 6. Beide Polyamide werden im → Schmelzspinnverfahren ausgesponnen und anschließend zum Festigen → verstreckt und fixiert. Erst dadurch erhalten die Fasern ihre vielfältigen Eigenschaften. So erreichen Stoffe aus → Filamentmischgarn von Nylon 472 und Nylon 473 große Ähnlichkeit mit → Naturseide. Sie sind farbbrillant, knitterarm, aber → plissierbar, → seidenartig im Griff, → vergilben nicht und bekommen keine Wasserflecken (Markenname Qiana®). Auch im Querschnitt veränderte Fasern können, wie etwa Trilobal®, dem Glanz der → Seide sehr nahe kommen. Modifikationen von Polyamid 6 dagegen können ähnlich wie → Angora, → Alpaka oder → Kaschmir erzeugt werden und in Mischungen den → Naturfasern einen fühlbar softigen Griff verleihen. Für Gardinen können dauerhaft lichtstabile, strahlend weiße Fasern hergestellt werden, indem man → optische Aufheller in die Spinnmasse einschmilzt. Durch Ausspinnen von Feinstfasern an der Grenze zu den → Mikrofasern entstehen Hochleistungsfasern, die den Naturfasern Seide oder → Baumwolle immer näher kommen, etwa Tactel®. Kurzzeichen: PA

Polyester

Polyester ist eine → Chemiefaser. In der Chemie nennt man ein Molekül aus einer Säure und einem Alkohol Ester. Das Kettenmolekül davon heißt dementsprechend Polyester, denn die griechische Silbe „poly“ bedeutet „viel“. Der Polyester, aus dem man Textilfasern spinnt, wird zum Beispiel aus Terephthalsäure und Ethylenglykol oder Cyclohexandimethanol hergestellt. Es entsteht zunächst ein glasklares Kunstharz, das dann bei 280 Grad Celsius geschmolzen und im → Schmelzspinnverfahren zu Fasern, → Filamenten oder → Spinnfasern, ausgesponnen wird. Wie bei den → Polyamiden können durch nachfolgendes → Verstrecken oder → Texturieren verschiedenste Faservarianten mit unterschiedlichsten Eigenschaften entstehen. Allgemein sind Polyesterfasern besonders licht- und wetterbeständig, hochelastisch mit hervorragendem Knittererholungsvermögen und hoher Bauschkraft, leicht, wenig quellend, sehr gut → plissierbar und fest. Allerdings neigen Polyesterfasern zum → Pilling. Sie werden häufig für → Gardinenstoffe, → Seidenimitate und Seidenmischgewebe, wenig knitternde → Wollmischgewebe, glänzende → Viskosemischungen, knitterarme, scheuerfeste und pflegeleichte → Baumwollmischgewebe sowie knitterreduzierte → Leinenmischungen verwendet. Marken-

namen sind Diolen® oder → Trevira®. Aus Polyester können auch Feinstfasern, Hochglanzfasern, Stretchfasern, Filamentgarne in Faseroptik, Schrumpffasern für → Seersucker oder → Cloqué, watteartige Füllfasern wie Dacron® und Fiberfill-Fasern für Füllvliese hergestellt werden. Kurzzeichen: PL oder PES (siehe Bild S. 124)

Polymerisation

Polymerisation nennt man bei der Herstellung der Spinnmasse für → Chemiefasern die chemische Bildung von Kettenmolekülen oder Polymeren.

Polynosics®

Polynosics® sind als Marke geschützte → Modalfasern. Sie entstehen dadurch, dass sogenannte ungereifte → Viskose in einem Spinnbad mit Formaldehyd-Zusatz zu Fasern erstarrt. Anschließend werden sie stark → verstreckt. Polynosische Fasern lassen sich sehr gleichmäßig verspinnen, eigenen sich gut für → Baumwollmischungen, können mit Kunstharzen → ausgerüstet werden, sind → mercerisierbar, gut färbbar, unempfindlich gegen Laugen und → vergilben nicht durch → optische Aufheller.

Polypropylen

Bei Polypropylen handelt es sich um eine synthetisch hergestellte → Chemiefaser. Sie ist wetterbeständig, resistent gegen Feuchtigkeit, farbecht und sehr strapazierfähig – ideal für → Outdoor-Stoffe. Kurzzeichen: PP

Pompon

Der Pompon ist eine ballrunde Knäuelquaste, die in Handarbeit von → Posamentenherstellern angefertigt wird. Meist werden dafür füllige Garne wie → Wolle verwendet. Größere Exemplare schmücken → Raffhalter, kleine baumeln als Troddeln an sogenannten Pomponborten. (siehe Bild links)

Pongé

Der Pongé wird aus → Naturseide oder als Seidenimitat aus → synthetischen → Filamentgarnen gewebt. Es ist ein sehr feiner → Taft mit einer höheren → Kett- als → Schussdichte. Früher wurde Pongé unter dem Namen „Waschseide“ verarbeitet, da er problemlos bei 30 Grad Celsius gewaschen werden kann.

Popelin

Der Popelin oder die Popeline ist ein feiner → Querrips. Er wird in → Leinwandbindung mit hoher → Kettdichte und niedriger → Schussdichte gewebt, wobei ein etwas fülligeres Schussgarn gewählt wird. So entsteht eine dezente Rippenstruktur. Häufig besteht Popelin aus → Baumwolle oder Baumwollmischungen

Foto: Romo

Pompon

Posamenten

Es gibt ihn jedoch auch aus hochwertigem → Schurwollkammgarn und wird dann vor allem in Frankreich auch → Papillon genannt.

Portiere

Portiere nennt man einen Türvorhang, der entweder eine Türe kaschieren soll oder die Türe ganz ersetzt. Der Begriff leitet sich vom französischen „porte“ für „Türe“ ab.

Posamenten

Posamenten (in Frankreich Passementrie) ist ein Sammelbegriff für alle Arten von → Besatz-Artikeln: also → Borten, → Keder, → Quasten, → Kordeln, → Litzen, → Pompons und dergleichen. Seit alters her werden sie in Handarbeit von Posamentiers gewebt, geflochten und geknüpft. Posamenten schmücken Polstermöbel, → Vorhänge, Kissen, Lampenschirme, Decken, Accessoires und sind für Stildekorationen ein Muss. Im hochpreisigen Segment gibt es noch die Einzelstückanfertigung nach individuellen Wünschen. Sie wird jedoch zunehmend von industriell oder halbindustriell produzierter Massenware verdrängt. Während früher nur → Seide oder → Wolle für Posamenten infrage kam, brachten experimentierfreudige Designer in den 90er-Jahren auch Quasten und Borten aus → Jute oder → Bast auf den Markt. (siehe Bild oben)

Prägevelours

Der Prägevelours, dessen Grundware in der Regel → Samt oder → Mohairvelours sind, bekommt durch Prägewalzen mit großem Druck und Hitze ein dauerhaftes Reliefmuster eingeprägt. Man nennt das auch → Gaufrage.

Quilt

Foto: Designers Guild

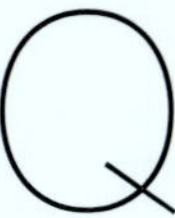

Quaste

Eine Quaste ist eine Troddel, für die ein ganzes Bündel Fäden oder → Kordeln an einem Ende abgebunden und mit einer Aufhängung versehen wird. Kunstvoll verziert, zählen sie zu den Preziosen unter den → Posamenten. Kleine Quasten baumeln wie Fransen an den sogenannten Quastenborten, etwas größer sind die Schlüsselquasten als Schlüsselanhänger und richtig stattliche Exemplare werden für → Raffhalter angefertigt. (siehe Bild rechts)

Querbehang

Querbehang ist ein anderes Wort für den Begriff → Schabracke.

Querrips

Der Querrips wird wie jeder → Rips im Prinzip in → Leinwandbindung gewebt. Allerdings binden immer zwei oder mehr → Schüsse gleich und bilden dadurch Querrippen im Gewebe, die mehr oder weniger stark ausgeprägt sein können. Die → Kettfäden sind feiner und so dicht eingestellt, dass sie den Schuss nahezu verdecken. Querrips ist meist ein fester, strapazierfähiger und griffiger Stoff.

Quetschfalte

Die Quetschfalte legt den Stoff symmetrisch nach zwei Seiten in je eine → Falte, weshalb man sie auch Doppelfalte nennt. Sie gleicht der sogenannten Kellerfalte, springt jedoch nach der vom Betrachter abgewandten Stoffseite auf. Wie die Kellerfalte wird sie hauptsächlich an den Ecken von Möbelbezügen, Stuhlhussen oder Bettüberwürfen gearbeitet.

Quilt

Quilt nennt man eine handgefertigte Steppdecke, die in der Regel aus drei Lagen besteht. Für die Unterseite wird ein unifarbener Stoff gewählt, wogegen die Oberseite als → Patchwork oder mit → Applikationen gestaltet wird. Zwischen Ober- und Unterseite bildet ein Wattevlies die dritte Lage. Das eigentliche Quilten, abgeleitet vom englischen Verb „to quilt“ für steppen, besteht darin, auf der Oberseite alle Patchwork-Nähte bzw. die Ränder der Applikationen von Hand oder mit der Maschine abzusteppen – und zwar durch alle drei Lagen hindurch. Dabei entsteht der typische Reliefeffekt. (siehe Bild links)

Quaste

Raffrollo

Raffhalter

Ein Raffhalter rafft einen Vorhang zur Seite und hält ihn dort fest. Es gibt ihn in vielen Varianten: als genähtes Stoffband, geschlossen oder mit Schleife oder Zierknoten, als → Kordel mit Schmuckquaste, der sogenannte Quastenraffhalter, oder als Variante aus Holz oder Metall, meist mit kunstvollen Knäufen oder sonstigen Zierelementen. (siehe Bild rechts)

Raffia

Raffia ist eine gängige Bezeichnung für den von der Raphia-Palme stammenden → Naturbast.

Raffrollo

Das Raffrollo wird aus einer glatten Stoffbahn genäht und seitlich oder in der Mitte mit Schnurzügen versehen. Sie laufen durch kleine, auf der Rückseite längs angeordnete Ösen. Zieht man das Rollo nach oben, wird es automatisch in Querfalten gerafft, daher der Name. Je dichter die Ösen aufeinander folgen, umso mehr und umso kleinere Falten entstehen. (siehe Bild links)

Raffrosetten

Raffrosetten sind ein Gestaltungselement bei Fensterdekorationen, insbesondere wenn → Vorhangbahnen oder → Schabracken frei Hand dekoriert werden. Dabei wird die Stoffbahn in Querrichtung lose gerafft und als lockerer Tuff durch einen sogenannten Raffhaken geführt: Es entsteht eine rosettenartige „Stoffblume“.

Ramie

Die Ramie gilt als ausgesprochen hochwertige → Bastfaser, wird aber dennoch nur in unbedeutenden Mengen gewonnen und verarbeitet. Es handelt sich um die Stängelfasern zweier in Asien beheimateter Nesselgewächse, der Boehmeria nivea und der Boehmeria tenacissima. Beide wachsen bis zu etwa zwei Meter Höhe heran. Das Herauslösen der → Zellulose-Fasern aus den langen Pflanzenstängeln erfordert eine sehr aufwendige mechanische und chemische Prozedur, was die Ramie relativ teuer macht. Andererseits muss sie jedoch nicht gebleicht werden, da sie schon von Natur aus schneeweiß ist. Daneben ist sie leicht zu färben, lichtbeständig sowie verrottungsfest. Die Zugfestigkeit dieser Pflanzenfaser liegt noch höher als beim → Leinen, dem sie ansonsten in Glanz, Griff und auch Waschbarkeit sehr ähnelt. Immer wieder wird die Ramie mit → Baumwolle oder Leinen zu → Mischgarnen versponnen. Pur ist sie ein klassisches Material für kostbare → Klöppelspitzen sowie feine Tischwäsche. Kurzzeichen: RA

Rapport

Rapport kommt aus dem Französischen: „rapporter“ heißt „zurückbringen“ oder auch

Foto: Sahco

Raffhalter

„ansetzen". Der Begriff betitelt sozusagen die „Mustereinheit" eines Textildessins: Gemeint ist damit die Länge und Breite, nach der sich das Muster wiederholt. Beim → Bindungsrapport geht es darum, nach wie vielen → Kett- und → Schussfäden sich das Bindungsmuster wiederholt. Beim Rapport eines → Druck- oder → Jacquardmotivs wird angegeben, nach wie vielen Zentimetern in Länge und Breite sich das Motiv wiederholt. Man spricht auch von Längen- und Breitenrapport.

Raschelware

Raschelware wird immer auf der sogenannten Raschelmaschine → gewirkt, daher der Name. Die Maschine arbeitet äußerst rationell und bietet zudem sehr vielseitige Musterungsmöglichkeiten. Derzeit ist die Rascheltechnik mit die bedeutendste Fertigungsmethode für transparente Textilien, also → Gardinenstoffe. Die Palette der Raschelwaren reicht jedoch von → Tüllen und → Spitzen über → Frottierware bis zu → Velours und sogar Teppichboden.

Rauen

Rauen ist ein Kurzwort für → Aufrauen.

Raumausstatter

Raumausstatter ging als Berufsbezeichnung aus vier Berufen hervor: Polsterer, Sattler, Dekorateure und Tapezierer taten sich 1965 zusammen und gründeten den Zentralverband

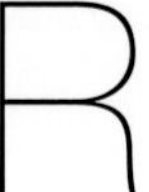

des Raumausstatter- und Sattlerhandwerks, kurz ZVR. Seitdem ist der Raumausstatter amtlicher Ausbildungsberuf, den man als Geselle oder Meister abschließen kann. Zu seinem Handwerk gehören alle Disziplinen der ursprünglichen Berufe – also vom Verlegen von Bodenbelägen über Wandbekleidungen bis zu Polsterungen und Fensterdekorationen.

Raumhalldämmend

Raumhalldämmend wirken alle textilen Elemente in einem Raum. Geräusche wie Trittschall oder Halleffekte beim Sprechen werden durch Gardinen, → Vorhänge, → Wandbespannungen, Teppiche oder Teppichböden sowie Polstermöbel merklich gedämpft.

Raumhoch

Raumhoch heißen → Vorhangstoffe, die in zweieinhalb Meter Breite oder mehr produziert werden. Weil sie quer verarbeitet und aufgehäng werden, müssen sie nur im gewünschten Maß abgeschnitten und gesäumt werden – herkömmliches Aneinandersetzen mehrerer Bahnen und unschöne Ansatznähte entfallen. Deshalb nennt man sie auch → nahtlos.

Raumteiler

Ein Raumteiler teilt im wahrsten Sinne des Wortes den Raum in unterschiedliche Bereiche, wie etwa Schlafen und Ankleiden oder Speisen und Wohnen. Außer den herkömmlichen, fest eingebauten Raumteilern beziehungsweise quer gestellten Möbeln gibt es auch textile Raumteiler: stoffbespannte Paravents oder bewegliche, bodenlange → Vorhangbahnen an Seilspannern oder Schienen. Damit lassen sich die jeweiligen Wohnbereiche individuell trennen oder öffnen. (siehe Bild links)

Raupenzwirn

Raupenzwirn nennt man ein → gezwirntes Noppengarn mit relativ langen, dicken und harten Noppen. Es wird als → Schussfaden für stärker strukturierte → Gardinen- und → Dekostoffe verwebt.

Rayé

Der Rayé (es gibt auch die Schreibweise Raillé) heißt aus dem Französischen übersetzt „gestreift“ – und genau das ist der Stoff auch. Allerdings handelt es sich beim Rayé um die feinste webbare Längsstreifenmusterung, die überhaupt möglich ist: In der → Kette wechseln sich immer ein Faden hell und ein Faden dunkel ab. Der → Schuss bleibt einfarbig hell oder dunkel, gewebt wird in → Leinwandbindung. Wechselt auch der Schuss die Farbe, entsteht ein winziges → Karo. Oft wird der Rayé-Streifen als zusätzliches Musterungselement in einem größeren Blockkaro eingesetzt. Übrigens: Dieselbe Musterung, allerdings querstreifig schussgemustert, nennt man → Barré.

Rayon

Rayon ist die englische, Rayonne die französische Schreibweise für → Reyon.

Reaktivfarbstoffe

Reaktivfarbstoffe sind chemische Färbesubstanzen, mit denen hauptsächlich die → Zellulose-Fasern → Baumwolle, → Viskose und → Modal sowie auch → Wolle, → Seide und → Polyamide gefärbt werden. Sie ergeben brillante Farbtöne und sind zudem waschfest, → licht- und lösungsmittelecht.

Reedition

Als Reedition bezeichnet man allgemein die erneute Auflage eines schon älteren und

Reliefsamt

eventuell vergriffenen Werks, zum Beispiel in der Literatur, der Musik oder auch im Design. Auch bei Textilien gibt es immer wieder Reeditionen von Stoffen beziehungsweise Stoffdessins, die einmal sehr erfolgreich waren oder von namhaften Designern stammen.

Reine Schurwolle

Reine Schurwolle ist die geschützte Bezeichnung für Schurwolle, die ausschließlich vom lebenden Schaf gewonnen wird. Das Gütesiegel dafür wird von der australischen Woolmark Company vergeben. Früher war dies die Aufgabe des IWS (Internationales Wollsekretariat).

Reinleinen

Reinleinen ist die verbindliche Bezeichnung und Schreibweise für Textilien aus reinen → Flachsgarnen. Der Anteil an anderen Fasern für Effekte oder Webkanten darf 15 Prozent des Gesamtgewichts nicht überschreiten. Dies legen der RAL (Ausschuss für Lieferbedingungen und Gütesicherung e.V.), das Textilkennzeichnungsgesetz TKG und die Internationale Leinen- und Hanfvereinigung so fest.

Reißwolle

Reißwolle oder auch „regenerierte Wolle" nennt man → Wolle, die aus neuen oder bereits gebrauchten Wolltextilien zurückgewonnen wird. Dazu zerreißt eine reißwolfähnliche Maschine die Gewebe oder → Gewirke und löst die Wollfasern heraus. Sie haben dann meist noch eine → Stapellänge von 15 bis 30 Millimetern. Je nachdem, wie hochwertig die ursprünglich verarbeitete Wolle war und wie stark sie durch den Gebrauch und die Wiedergewinnung schon gelitten hat, entsteht Reißwolle höherer oder minderwertigerer Qualität. Sie hat viele Grundeigenschaften der → Schurwolle, darf aber laut Textilkennzeichnungsgesetz TKG nur als „Wolle" bezeichnet und ettikettiert werden.

Reliefsamt

Reliefsamt bezeichnet als Sammelbegriff alle → Samte mit einer reliefartigen Musterung, sei sie nun gewebt wie beim → Genua-Samt oder geprägt wie beim → Utrecht-Samt und anderen → Prägevelours. (siehe Bild links und rechts)

Renforcé

Der Renforcé hat seinen Namen vom französischen „renforcer", was so viel wie „stärker werden" heißt. Als → Baumwollstoff in → Leinwandbindung gehört er zu den → Nesselgeweben beziehungsweise → Stellungswaren. Renforcé ist nach dem feinen → Kattun die nächst stärkere Qualität, dabei aber feiner als der → Cretonne. Wie die beiden anderen wird er hauptsächlich als Grundware für Druckdessins hergestellt.

Foto: Rubelli

Reliefsamt

Rips

Foto: Élitis

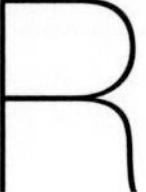

Reservedruck

Reservedruck nennt man → Druckverfahren wie zum Beispiel → Batik oder → Blaudruck, bei denen der Stoff vor dem Färben dem Muster entsprechend an bestimmten Stellen mit einem sogenannten Reservierungsmittel abgedeckt, also „reserviert" wird. Beim Batik ist das Reservierungsmittel Wachs. An diesen Stellen nimmt das Gewebe dann keine Farbe an, während der übrige Teil eingefärbt wird. Von Buntreserve spricht man, wenn dem Reservierungsmittel selbst ebenfalls ein Farbstoff zugefügt wird.

Restaurator

Restaurator ist ein Fachberuf mit der Aufgabe, gealterte oder beschädigte Kunstgegenstände wieder in ihren ursprünglichen Zustand zu versetzen. Die Berufsbezeichnung leitet sich von „restaurieren", was „wiederherstellen" heißt, ab. Neben Spezialisten fürArchitektur, Gemälde, Möbel oder Teppiche gibt es auch Restauratoren für historische Stoffe.

Réversible

Ein Réversible ist ein Stoff, der beidseitig verwendet werden kann. Denn aus dem Französischen übersetzt heißt das Wort so viel wie „umkehrbar" oder „drehbar".

Reyon

Reyon gilt als veraltete und nicht mehr zulässige Bezeichnung für → Viskose-Filamentfasern.

Rhea

Rhea ist eine inzwischen seltener gewordene Bezeichnung für → Ramie.

Richelieu-Stickerei

Die Richelieu-Stickerei gehört zu den → Weißstickereien und ist zugleich eine → Ajour-Stickerei: Dabei werden meistens aus → Leinen oder → Baumwolle Muster ausgeschnitten und die Ränder mit → Knopfloch- beziehungsweise → Feston-Stich befestigt. Die einzelnen Ajour-Motive werden mit charakteristischen Stegen untereinander verbunden.

Rips

Der Rips ist ein von Längs- oder Querrippen strukturierter Stoff. Er wird in Ripsbindung gewebt, eine Abwandlung der → Leinwandbindung. Die Rippen entstehen dadurch, dass immer mehrere Fäden gleich binden: beim Längs- oder → Kettrips mehrere Kettfäden und beim Quer- oder → Schussrips mehrere Schussfäden. Für Kettrips werden die Schussfäden sehr dicht eingestellt, für Schussrips die Kettfäden. Sie bedecken jeweils die rippenbildenden Fäden nahezu. Von „falschem Rips" spricht man, wenn die Rippen einfach durch besonders dicke Garne gebildet werden. Rips kommt auch unter den Bezeichnungen → Côtelé und → Côteline in den Handel. Er gibt einen festen und strapazierfähigen Stoff ab, der vielfach als → Bezugsstoff verwendet wird, die leichteren Versionen auch als → Dekostoffe. Übrigens: Rips ist meist das Basisgewebe für → Moiré! (siehe Bild links)

Rösten

Rösten oder Rotten nennt man eine Phase bei der langwierigen Prozedur der → Leinengewinnung. Sie ist nötig, um die sogenannten → Bast- beziehungsweise → Stängelfasern aus den Stängeln der → Flachspflanzen herauszulösen. Früher legte man die geernteten Pflanzenstängel in kaltes Wasser, die Kaltwasserrotte, oder breitete sie einfach auf dem Feld aus, um sie dem Wechsel von Tau, Sonne und

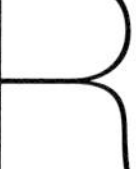

Regen auszusetzen. Bakterien und Pilze und die von ihnen produzierten Enzyme machten sich dann daran, die Fasern auf dem Weg einer chemischen Gärung vom holzigen Teil des Stängels abzulösen. Die Schwierigkeit bestand darin, diesen Prozess nicht zu früh und nicht zu spät abzubrechen, um die Fasern zwar zu lösen, aber nicht zu schädigen. Auch heute werden die Fasern noch so gewonnen, allerdings hat man sich auf die industrielle Warmwasserrotte bei 26 bis 35 Grad Celsius verlegt, die wesentlich schneller abläuft und exakter zu steuern ist. Auch dabei gilt: je kühler, desto zeitaufwendiger, aber schonender für die Leinenfasern. Nur einer der Gründe, weshalb qualitätvolles Leinen seinen Preis hat.

Rohgewebe

Rohgewebe nennt man solche Gewebe, die erst noch veredelt oder → ausgerüstet werden müssen, bevor sie in den Handel kommen, zum Beispiel einen → Baumwollnessel, der noch → gebleicht, gefärbt oder bedruckt werden soll, oder ein → Wollgewebe, das noch → gewalkt und → geraut werden muss, um zu → Loden zu werden.

Rohseide

Rohseide ist dasselbe wie → Bastseide.

Rosshaar

Mit Rosshaar meint man das Mähnen- und Schweifhaar des Pferdes. Es ist glatt, glänzend, färbbar, sehr elastisch und strapazierfähig und gibt einen der teuersten, aber auch haltbarsten → Möbelbezugsstoffe ab. Dazu wird es nicht versponnen, sondern jedes Haar einzeln als → Schuss eingelegt. Da das Rosshaar in der Regel nicht länger als 70 bis 80 Zentimeter ist, können die Stoffbahnen auch nur diese Breite erreichen. Und da die Haare an einem Ende dicker sind als am anderen, müssen sie immer gegenläufig, mal in der einen, mal in der anderen Richtung, ins Gewebe gelegt werden. Für die → Kette ist das Rosshaar ungeeignet, dafür nimmt man entweder → Baumwolle oder → Seide. Rosshaarstoffe zeigen entweder klassische Streifen, kleine → Bindungsmuster oder große, → jacquardgewebte → Medaillonmotive, die speziell als Bezug für gepolsterte Stuhllehnen gedacht sind. Neu sind Stickereien auf Rosshaar. Kurzzeichen: HS

Rouleauxdruck

Beim Rouleauxdruck, einem → Druckverfahren, das man auch → Walzendruck nennt, wird der Stoff durch rotierende, gravierte Walzen farbig bedruckt.

Rupfen

Rupfen nennt man ein → leinwandbindiges Gewebe aus ungewaschener → Jute. Gebleicht oder uni eingefärbt, wird er als → Wandbespannung oder → Dekostoff, ungebleicht auch in der Polsterei verwendet.

Rüschen

Rüschen säumen als angekräuselter Stoffbesatz → Vorhänge, Gardinen, Bettüberwürfe und Kissen. In Frankreich heißen sie → Volants.

Rutensamt

Als Rutensamt bezeichnet man → Kettsamte, die in der sogenannten klassischen Rutentechnik hergestellt werden. Dabei bildet ein eigenes → Kettfadensystem den → Flor. Die Fäden werden beim Weben über dünne Metallstäbe, die Ruten, gelegt und bilden so Schlingen, die anschließend aufgeschnitten werden.

S

Samt

Samenfasern

Samenfasern nennt man jene → Pflanzenfasern, die im Gegensatz zu → Stängel- oder Blattfasern aus den Samen der Pflanzen gewonnen werden, wie zum Beispiel → Baumwolle oder → Kapok.

Samt

Der Samt war und ist ein „Königsstoff". Nicht nur weil er im Laufe der Geschichte immer von Kaisern und Königen für ihre Roben, Betthimmel und Thronpolster erwählt wurde, sondern auch weil er mit seinem → Flor das erste Gewebe mit einer dritten Dimension war, bis heute nur Könner unter den Webern seine aufwendige Herstellung meistern und er mit seiner Brillanz und Geschmeidigkeit eben zu den Preziosen unter den Stoffen zählt. Seine Wiege wird im Orient vermutet, von wo ihn die Venezianer importierten. Rasch adaptierten sie auch die Technik und gründeten bereits 1247 die erste Samtweberzunft. Italien wurde für Jahrhunderte führend in der Samtherstellung, wobei es sich immer um in Rutentechnik produzierten → Ruten- beziehungsweise → Kettsamt handelte. Dafür wurde ein zweites Kettfadensystem notwendig. Diese → Polkette wurde beim Weben über feine Metallstäbe, die Ruten, in Schlingen gelegt, die man anschließend aufschnitt. Der Samt blieb in Europa bis ins 19. Jahrhundert der einzige Stoff, der nicht aus dem → Schuss musterte. Ein regelrechter „Samtstil" beherrschte vom 15. bis ins 17. Jahrhundert die gesamte Stoffszene. Man entwickelte gemusterte und bedruckte Samte, Samte mit verschiedenen Florhöhen und Samte mit Mustern in anderen → Bindungen wie beim → Genua-Samt. Die kostbarsten Kreationen der Spätgotik sind die → Seidensamte und der Samtbrokat. In der Renaissance entstehen dann sehr luxuriöse Seidenstoffe mit zusätzlichen Samtmusterungen. Aus den Niederlanden wird der geprägte → Utrecht-Samt bekannt. Heute produziert man den Rutensamt im Prinzip noch genau wie einst, nur eben maschinell. Daneben gibt es mittlerweile auch die Doppelvelours-Technik: Auf einer Webmaschine werden zugleich zwei übereinanderliegende Stoffbahnen gewebt, die → Polkettfäden laufen zwischen beiden Geweben hin und her. Eine mitlaufende Schneidewalze schneidet sie in der Mitte auseinander, der Abstand der beiden Gewebe bestimmt die Florhöhe. Man webt inzwischen auch Schuss-Samte, bei denen Florschüsse zunächst auf der Oberseite der Ware → flottieren und später aufgeschnitten werden, wie etwa beim → Cord. (siehe Bild oben)

Sanfor®

Sanfor® ist ein geschütztes Warenzeichen für ein → Ausrüstungsverfahren, das Stoffe

krumpfecht macht. Benannt wurde das Sanforisieren nach seinem Erfinder Sanford L. Cluett. Das Verfahren nimmt den Schrumpfungsprozess praktisch vorweg, indem es die Gewebe unter hohem Druck und heißem Dampf maschinell krumpft. Die so behandelten Stoffe laufen dann später beim Waschen nicht mehr oder maximal noch um ein Prozent ein. Hauptsächlich werden Stoffe aus → Baumwolle, → Leinen oder auch → Halbleinen sanforisiert.

Satin

Satin heißt der → Atlas auf Französisch. (siehe Bild rechts)

Säurefarbstoffe

Die Säurefarbstoffe zählen zu den chemischen Farbstoffen. Sie werden zum Färben von → Wolle, → Seide, → Hanf, → Polyamid und → Polyacryl verwendet und erzielen hohe → Lichtechtheiten, aber nur mäßige Waschbeständigkeit – außer bei → Walkstoffen.

Saxony

Der Saxony wird meist aus → wollnen Streichgarnen gewebt. Er erinnert an den → Flanell, hat aber ein noch klarer erkennbares Gewebebild und ist auch häufig etwas dicker. Gemustert wird er meist in → Karos mit englischem Touch. Übrigens: Es gibt auch einen hochflorigen Teppichboden mit dem gleichen Namen.

Schabracke

Die Schabracke hat ihren Namen von der türkischen „çaprak“, einer kunstvoll verzierten Satteldecke. Ähnlich wie jene das Pferd ziert die Schabracke das Fenster: als oberer Abschluss und → Querbehang, der zugleich Stangen, Ringe oder Schnurzüge verdeckt. Sie taucht in vielen Stildekorationen auf, wird meist aus demselben Stoff wie die → Vorhangschals geschneidert, kann je nachdem eine aufwendige Schnittform haben und wird häufig reich mit → Posamenten geschmückt.
Damit sie ganz exakt hängt, wird der Stoff nicht selten auf Holzplatten oder zumindest Steifleinen aufkaschiert. In einfacher Version heißt die Schabracke auch → Fallblatt.

Schaftgewebe

Schaftgewebe nennt man alle Gewebe, die im Gegensatz zum → Jacquard auf einem Schaftwebstuhl gewebt werden, also einem „normalen“ Webstuhl. Er hat sogenannte Schäfte: Das sind quer im Webstuhl hängende Holz- oder Metallrahmen mit → Litzen, durch die die → Kettfäden laufen. Mit Hilfe der Schäfte können Kettfäden angehoben beziehungsweise abgesenkt werden, um den → Schuss hindurchzulassen. Je nachdem, wie viele Schäfte der Webstuhl hat (mindestens zwei für → Leinwandbindung, höchstens etwa zwölf für komplizierte Bindungsmuster) ist auch der → Rapport begrenzt. Schaftgewebe können sowohl vom Handwebstuhl mit Schäften als auch vom hochmodernen Webautomaten mit Schäften kommen.

Schafwolle

Schafwolle heißen die verspinnbaren Haare des Schafs, eigentlich nur → Wolle genannt.

Schallabsorption

Schallabsorption nennt man die Eigenschaft von Textilien, Schall und Hall in Räumen zu schlucken und so → raumhalldämmend zu wirken. Neben → Akustik-Stoffen, die extra dafür entwickelt wurden, trifft dies aber auch auf „normale“ Stoffe zu: Je reichlicher sie verwendet werden, desto größer der Effekt –

Foto: Kobe

Satin

Schattenvelours

S

ein üppiger Vorhang mit tiefen → Falten dämpft stärker als ein glattes Rollo. Auch wirken → Florstoffe wie → Samt oder → Mohairvelours intensiver schallabsorbierend als glatte Gewebe. Natürlich dämpfen auch Teppiche und Teppichböden den Schall.

Schappe-Seide

Schappe-Seide ist eine → Abfallseide aus der → Grège-Fabrikation. Nichtsdestotrotz handelt es sich um hochwertige reine → Seide, die in der sogenannten Schappe- oder → Florett-seiden-Spinnerei zu Nähseide oder Garnen für edle Seidenstoffe weiterverarbeitet wird.

Schären

Schären, „eine Schar Fäden" bilden, heißt das Anfertigen der → Kette für ein Gewebe: Die Kettfäden werden in der richtigen Anzahl, Länge, Farb- und Reihenfolge präpariert.

Schattenrips

Der Schattenrips wird nicht in → Ripsbindung, sondern in → Leinwandbindung gewebt. Er bekommt seine rippenartige Optik dadurch, dass sich in der → Kette immer ein Faden in → S-Drehung und ein Faden in → Z-Drehung abwechseln. Im Gewebe liegen dann einmal alle s-gedrehten und einmal alle z-gedrehten Kettfäden oben. Da sie das Licht unterschiedlich reflektieren, entsteht eine Schattenwirkung, die Rippen vortäuscht. Meist handelt es sich beim Schattenrips um feine → Kammgarnware.

Schattenvelours

Der Schattenvelours gehört zu den → gelegten Velours. Sein Flor wird jedoch in verschiedene Richtungen gelegt. Dadurch fällt das Licht zur gleichen Zeit mal mit dem → Strich, mal gegen den Strich auf den Stoff und zeichnet so Schatteneffekte. Zu den Schattenvelours zählt man auch den gecrashten → Panné-Samt und die → Prägevelours, wie etwa → gaufrierten → Mohair-Velours. (siehe Bild links)

Schauseite

Die Schauseite ist diejenige Seite eines Stoffes, die angeschaut werden soll, also die Oberseite beziehungsweise rechte Warenseite.

Scheibengardinen

Scheibengardinen heißen so, weil sie direkt vor die Fensterscheiben gehängt oder gespannt werden. Um sie zu befestigen, schraubt oder spreizt man passende Stängchen, die Vitragenstängchen, in die Fensterrahmen. → Caféhaus-Gardinen sind typische Scheibengardinen.

Scheren

Scheren, nicht zu verwechseln mit dem → Schären einer → Kette, kann im Zusammenhang mit Stoffen und Fasern zweierlei bedeuten. Zum einen das Scheren von Schafen, die sogenannte Schur, bei der die → Schurwolle abgeschoren wird. Zum anderen gibt es auch ein Scheren von Geweben, das zu den → Ausrüstungsverfahren zählt. So werden → Florstoffe oder beispielsweise auch → Loden nach dem Weben in einer Schermaschine geschoren, um den Flor auf eine exakt gleichmäßige Höhe zu bringen, die Oberfläche zu egalisieren und herausstehende Härchen abzunehmen.

Scherli

Der Scherli heißt deshalb so, weil auch er geschoren wird: In ein meist leichtes Fondgewebe werden einem Muster folgend zusätzliche Effektfäden eingewebt. Sie sind aus einem fülligeren oder gänzlich anderen Material wie die übrigen und → flottieren jeweils zwischen den

Mustern. Später werden die Flottierungen mit einer Spezialmaschine mehr oder weniger kurz abgeschnitten und die Fäden flattern fransenartig an den Motivrändern. Im Prinzip entspricht der Scherli dem → Lancé découpé, nur dass hier sozusagen die → Abseite zur → Schauseite gemacht wird. Man nennt ihn französisch auch einfach „Découpé“. (siehe Bild rechts)

Scheuerbeständigkeit

Die Scheuerbeständigkeit, also die Widerstandsfähigkeit gegen scheuernde Beanspruchung, ist bei → Bezugsstoffen besonders wichtig. Sie wird in Martindale-Scheuertouren angegeben, benannt nach dem Martindale-Prüfgerät. → Synthetics sind meist scheuerfester als → Naturfasern, die höchste Scheuerbeständigkeit unter allen Textilrohstoffen haben die → Polyamide.

Schiebefestigkeit

Die Schiebefestigkeit eines Stoffes drückt aus, ob sich die Fäden durch Beanspruchung leicht verschieben lassen oder nicht. Sie ist hauptsächlich bei → Gardinenstoffen und → Inbetweens ein Thema. Zum einen hängt sie von der → Bindung ab: Die → Dreherbindung ist schiebefester als die → Leinwandbindung. Zum anderen hat aber auch die Einstellung des Gewebes einen Einfluss: Stoffe mit dicht eingestellter → Kette und → Schuss sind schiebefester als lose eingestellte. Und zuletzt spielt auch das Garn eine Rolle: Aalglatte → Seide ist weniger schiebefest als raues → Streichgarn aus → Wolle.

Schiebesaum

Schiebesaum nennt man einen schmalen, schlauchförmigen Saum, der → Scheibengardinen auf die Vitragenstängchen schiebt.

Schiffchen

Das Schiffchen transportiert im Webstuhl den → Schussfaden hin und her, immer von einer Webkante zur anderen. Es heißt so, weil es früher aus Holz geschnitzt oder gedrechselt wurde und tatsächlich einem Schiffchen beziehungsweise Boot ähnlich sah, das in seinem Innern eine Fadenspule trägt. An Handwebstühlen sind diese Holzschiffchen nach wie vor im Einsatz. An modernen Webautomaten wurden sie jedoch längst durch die wesentlich schnelleren Greifer oder Projektile ersetzt. Übrigens: Da die Schiffchen im Webstuhl regelrecht hin- und herschießen, werden sie auch → Schützen genannt!

Schirting

Schirting ist eine selten gebrauchte Bezeichnung für → leinwandbindige → Baumwolle, die dem → Kattun entspricht. Der Begriff ist abgeleitet vom englischen „shirt“ für „Hemd“.

Schleuderquaste

Die Schleuderquaste hängt anstelle eines Schleuderstabes am Ende einer Kordel an → Vorhang oder Gardine. Sie dient sozusagen als „Griff“ zum Auf- und Zuziehen. Meist werden dafür eher kleinere oder → Quasten mittlerer Größe verwendet.

Schlichten

Vom Schlichten spricht man in der Weberei, wenn Garne, vor allem → Kettgarne, mit einer speziellen Emulsion, der sogenannten Schlichte, getränkt werden. Das macht sie für die Verarbeitung glatter und geschmeidiger und verbessert ihre Laufeigenschaften im → Webstuhl. Nach dem Weben wird die Schlichte, die zum Beispiel ein Sud aus aufgekochter Stärke sein kann, wieder ausgewaschen.

Schmälzen

Das Schmälzen von Fasern hat denselben Zweck wie das → Schlichten von Garnen, nämlich dadurch eine leichtere Verarbeitung zu ermöglichen. Allerdings werden hier ölige Substanzen verwendet.

Schmelzspinnverfahren

Das Schmelzspinnverfahren gilt als das einfachste und rationellste Spinnverfahren für → Chemiefasern wie → Polyamide oder → Polyester. Die Spinnmasse wird verflüssigt, also „geschmolzen", und mit Druck durch feine Spinndüsen in einen Spinnschacht gepresst. Im Spinnschacht trocknen und erhärten die Fasern sofort. Durch anschließendes → Verstrecken und Fixieren verfestigen sie sich erheblich und erhalten dadurch erst ihre letztendlichen spezifischen Eigenschaften.

Schrägband

Das klassische Schrägband wird diagonal aus einem → leinwandbindigen → Baumwollstoff geschnitten. Durch die dann schräg verlaufende Webung bekommt es die besondere Eigenschaft, dass es gut dehnbar wird und rund gelegt werden kann, um damit zum Beispiel Bogenkanten einfassen und säumen zu können. Für Gardinen werden meistens → atlasbindige Schrägbänder verwendet.

Schurwolle

Als Schurwolle oder Reine Schurwolle darf im Unterschied zur → Sterblingswolle oder → Reißwolle nur Wolle bezeichnet werden, die unmittelbar bei der Schur von lebenden Schafen anfällt und die noch in keinem Verarbeitungsprozess Verwendung gefunden hat, also neu ist. Kurzzeichen: WV

S

Schuss
Schuss heißt der quer verlaufende Faden in einem Gewebe, im Gegensatz zum längs verlaufenden Faden der → Kette. Der Begriff Schuss rührt daher, weil der Faden am → Webstuhl mit ziemlicher Geschwindigkeit und Wucht vom → Schützen oder bei moderneren Webautomaten von einem Projektil zwischen die Kettfäden „eingeschossen" wird.

Schuss-Atlas
Der Schuss-Atlas ist die seltenere Variante des → Atlas. Im Gegensatz zum häufiger vorkommenden → Kett-Atlas bilden bei ihm die → Schussfäden, dicht an dicht liegend, die Oberfläche der → Schauseite.

Schütze
Schütze ist ein anderes Wort für → Schiffchen.

Schwedenstreifen
Schwedenstreifen werden als gleichmäßig breite Blockstreifen in → Leinwand- oder → Köperbindung gewebt. Meistens sind diese aus → Baumwolle oder → Leinen. In der Regel erscheinen sie in Weiß und einer Farbe. Typisch sind blasses Blau, Lindgrün, Hellgelb und Rosétöne.

Schweißwolle
Schweißwolle heißt die noch nicht gewaschene, vom Schaf geschorene → Wolle. Ihr haftet nämlich noch der sogenannte „Schweiß" an:

Schwer entflammbar

Foto: Geos

S

Dabei handelt es sich um das Wollfett Lanolin und allerlei Verschmutzungen. In der Regel wird Wolle gewaschen, bevor sie weiterverarbeitet wird. Für bestimmte Zwecke kann es jedoch sinnvoll sein, das wasserabweisende Wollfett, man nennt es auch Wollwachs, zu belassen und die Wolle direkt „aus dem Schweiß zu spinnen". Übrigens: Lanolin gilt als sehr hautfreundliches und pflegendes Fett und ist in vielen Salben und Cremes, besonders in Babycremes, enthalten!

Schwer entflammbar

Als schwer entflammbar dürfen nach der DIN 4102 B1 nur bestimmte Textilien bezeichnet werden, die speziell festgelegte Kriterien erfüllen. Sie entflammen bei Kontakt mit Glut, Funken oder offenem Feuer nicht sofort. Und auch wenn sie entzündet sind, brennen sie nicht weiter, sondern verlöschen schnell wieder. Durch Waschen, Desinfizieren oder chemische Reinigung darf diese Schwerentflammbarkeit nicht verloren gehen und sie darf auch weder allergische noch toxische Reaktionen hervorrufen. Diese Anforderungen gehören zu den feuerpolizeilichen Auflagen für den → Objektbereich. Sie werden von verschiedenen → Chemiefasern erfüllt. Erstens von solchen mit verändertem → Polymer, zum Beispiel aus → Polyester wie → Trevira CS® oder aus → Polyamid wie Nylfrance no flame®. Zweitens von solchen mit besonderer Konstruktion oder Ausstattung, zum Beispiel aus → Polyamid wie Quintesse® oder aus Modacryl (mindestens 50 Prozent Acrylanteil) wie Velicren FR®, beide sind für → Möbelbezugsstoffe geeignet. Drittens von solchen mit eingelagerten Fremdkörpern, zum Beispiel aus → Viskose wie Danufil CS® oder aus → Modal wie Lenzing Modal CS®. Und viertens von solchen mit neu entwickelten Polymeren, zum Beispiel aus Melaninharz wie Basofil®, aus Polyetherimid wie Akzo PEI®, aus Siliziumdioxid wie Silica® oder aus Polybenzimidazol wie PBI-Faser®. Auch Kohlenstoff-Fasern fallen unter die Kategorie schwer entflammbar. Mit den Begriffen „flammhemmend" und „hitzebeständig" ist in der Regel dasselbe wie schwer entflammbar gemeint. Das gilt jedoch nicht für → flammhemmende → Ausrüstungen, die nicht dauerhaft sind. Absolut unbrennbar sind Aramidimid-Fasern wie Lenzing P 84® oder Kermel®. Von den → Naturfasern hat Wolle eine verringerte Brenn-Neigung. Sie erfüllt jedoch ohne entsprechende Ausrüstung nur die Brandschutznorm für den Privatbereich. (siehe Bild links)

Schwingen

Das Schwingen gehört zur Prozedur der → Leinenfasergewinnung. Nach dem → Rösten werden die Stängel beim sogenannten Brechen vielfach geknickt, sodass ihr holziger Kern in viele kleine Stücke bricht. Um diese Holzteilchen dann auszuscheiden, ist das Schwingen nötig. Früher ergriff man dafür die Flachsbündel an einem Ende und schlug oder zog sie schwungvoll über ein Nagelbrett, ähnlich einem Fakirkissen, das die Holzspelzen auskämmte und zugleich die Fasern parallel legte. Heute wird es im Prinzip noch genauso gemacht, nur eben mit der Hilfe von Maschinen. Nach dem Schwingen nennt man die Faserbündel Schwingflachs.

Scotchgard®

Scotchgard® ist ein geschütztes Markenzeichen für ein Verfahren der → Fleckschutz-Ausrüstung. Dazu werden die Fasern beziehungsweise die Textilien mit Fluor-Chemikalien behandelt. Das verhindert, dass ölhaltiger und

nasser Schmutz eindringen kann. Vor allem das Säubern von solchen Verschmutzungen, etwa auf → Bezugsstoffen, wird dadurch wesentlich erleichtert.

S-Drehung

Die S-Drehung bezeichnet bei Garnen oder → Zwirnen eine von zwei möglichen Drehrichtungen: Betrachtet man den Faden, so verlaufen die Garnwindungen immer entsprechend einem S. Die umgekehrte Drehrichtung heißt dementsprechend → Z-Drehung.

Sea Island Baumwolle

Die Sea Island Baumwolle ist eine von rund 300 Baumwollarten, und zwar die mit den längsten und feinsten Fasern. Lateinisch heißt die Pflanze Gossypium barbadense. Sie galt lange als Seltenheit, aber inzwischen wird ihr Anbau wegen steigender Nachfrage längst wieder gefördert.

Seele

Eine Seele hat ein Garn, das aus zwei Teilen besteht: einem inneren Kern, den man Seele nennt, und einer äußeren Umspinnung. Meist besteht die Seele aus festeren, aber weniger wertvollen Fasern als die Umspinnung und dient dazu, das Garn fülliger und billiger zu machen, zum Beispiel bei → Wolltextilien im Handweb-Look. Bei → Posamenten kann auch der Faktor Festigkeit ein Thema sein, wenn äußerlich → Seidenoptik, zur Verarbeitung aber eine gewisse Steifigkeit gefragt ist.

Seersucker

Der Seersucker zeigt als → leinwandbindiger Stoff Längsstreifen, die sich → kreppartig verwerfen. Die klassische Herstellungstechnik für diesen Effekt besteht darin, die → Kettfäden gruppenweise stärker beziehungsweise schwächer zu spannen. Für → Woll-Seersucker verwendet man entweder abwechselnd Krepp- und Normalgarne für die Kette oder man bedruckt → Musselin streifenweise mit einem Antifilzmittel und → filzt ihn dann. Aus → Synthetics kann man Seersucker herstellen, indem man gruppenweise stärker und schwächer schrumpfende Garne einschärt und den Stoff nach dem Weben einem Schrumpfungsprozess aussetzt. Für → Baumwoll-Seersucker wird heute überwiegend das streifenweise „Laugieren" mit Natronlauge ohne Spannung praktiziert, was eine kontrollierte Schrumpfung bewirkt. Übrigens: Das englische Wort „Seersucker" leitet sich von einem alten Hindi-Begriff ab, was einen Hinweis auf die Ursprünge dieses raffinierten Gewebes in den indischen Kolonien Englands gibt.

Segeltuch

Das Segeltuch hat seinen Namen daher, dass daraus früher tatsächlich Segel genäht wurden. Es ist ein relativ schwerer, fester Stoff aus → Baumwolle oder → Leinen beziehungsweise aus einer Mischung der beiden und wird in → Leinwandbindung gewebt, wobei immer zwei → Kettfäden gleich binden. Meist kommt es roh oder → gebleicht in den Handel und wird heute als strapazierfähiger → Bezugsstoff im Natur-Look verwendet – oder als klassische Bespannung für Regiestühle.

Seide

Seide gilt als die edelste unter den → Naturfasern. Ihr unerreicht nobler Glanz, ihre Feinheit, Leichtigkeit, Geschmeidigkeit, Knitterarmut, Elastizität, Festigkeit und Isolationsfähigkeit machen sie einzigartig. Und auch die Entstehung der kostbaren Endlosfaser ist so

Foto: Rubelli

Seide

S

beispiellos, dass man in Europa bis lange nach Christi Geburt mutmaßte, Seide wachse in China auf Bäumen oder sei das Haar eines ganz exotischen Tiers. Die lateinische Bezeichnung „seta serica" bedeutet denn auch „chinesisches Tierhaar". Die Chinesen produzierten Seide schon vor 5000 Jahren. Es gelang ihnen durch Androhung der Todesstrafe 3000 Jahre lang, das Geheimnis darum zu hüten. Die Seidenfabrikation beginnt mit einem Schmetterling, dem Seiden- oder Maulbeerspinner → Bombyx mori. Unfähig, Nahrung aufzunehmen, lebt er lediglich zwei oder drei Tage, um an die 500 Eier zu legen. Daraus schlüpfen winzige, aber extrem gefräßige Raupen. Man hält sie warm, füttert sie reichlich mit Maulbeerblättern und kitzelt die hörbar schmatzenden Tierchen am Bauch, um ihre Fresslust noch zu steigern. Nach 35 Tagen sind sie neun Zentimeter lang und spinnen sich zur Verpuppung in einen Kokon ein. Den Faden dafür, eigentlich ist es ein Doppelfaden, drücken sie aus zwei Drüsen unter dem Maul. Bevor sie jedoch später den Kokon zerstören, um wieder als Schmetterling daraus hervorzukrabbeln, werden sie durch Hitze abgetötet. Der Mensch bürstet die Kokons in warmem Wasser, bis der Anfang des Doppelfadens gefunden ist, und haspelt ihn ab. Der etwa 1000 Meter lange Mittelteil, die → Haspelseide, ist das wertvollste Stück, die inneren 2000 Meter reißen öfter und wandern in die → Schappe- oder → Bourette-Seidenspinnerei. Für die Haspelseide wickelt man immer fünf bis 30 Kokons zugleich ab. Die nur leicht miteinander verwundenen Fäden sind bereits sehr stabil, man nennt sie → Grège oder auch Ecru-Seide. Diese → Rohseide ist beigefarben und relativ glanzlos und hart, denn ihr haftet noch der sogenannte Seidenleim oder -bast, das Sericin, an. Erst durch Degummieren mit Seifenlauge wird sie geschmeidig, glänzend und zugleich heller: Man erhält → Souple-Seide oder → Cuite-Seide. Allerdings wird sie dadurch auch leichter, was ein erheblicher Wertverlust ist, da sie nach Gewicht gehandelt wird. Also erschwert man sie wieder mit Metallsalzen wie Zinnchlorid, Natriumphosphat sowie Wasserglas oder mit Gerbstoffen oder einer Mixtur von beidem. Ist sie wieder gleich schwer wie zuvor, spricht man von Pari-Erschwerung. Zu sehr darüber hinaus erschwerte Seide wird spröde und weniger haltbar. Leider verliert die Edelfaser durch das Erschweren den typischen „Seidenschrei", das charakteristische knirschende Geräusch beim Anfassen. Mit Ameisensäure gibt man es ihr zurück. Will man aus der Grège → kettgeeignete Fäden machen, muss man sie zu → Organsin oder → Grenadine spinnen, für den → Schuss spinnt man → Trame. Stoffe, die in Kette und Schuss aus Haspelseide gewebt werden, nennt man auch Japanseide. Als Doupion bezeichnet man Maulbeerseide aus Doppelkokons. Percée ist Seide von Kokons, aus denen der Schmetterling schon ausgegeschlüpft ist. Seide von missgeformten Kokons oder kranken Raupen heißt Doppi und zeigt → Titerschwankungen. Zuletzt sei noch auf ein paar Mankos der Edelfaser hingewiesen: Sie ist empfindlich gegen Säuren, Laugen, Hitze, Schweiß und UV-Licht. Übrigens: Seide war die erste Endlosfaser und damit auch das erste → Filament, das der Mensch in die Hand bekam: das Vorbild für alle heutigen → Chemiefaser-Filamente! Kurzzeichen: SE. → Wildseiden sind insofern etwas anderes, als sie von Raupen anderer Schmetterlingsarten stammen und teils auch andere Eigenschaften haben. (siehe Bild S. 149)

S

Seidenshoddy

Der Seidenshoddy entspricht bei der → Seide dem, was die → Reißwolle bei der → Wolle ist: Es sind aus zerrissenen Seidenstoffabfällen zurückgewonnene Seidenfasern, die anschließend in der → Bourette-Spinnerei noch einmal zu Garn und später dann auch zu Stoffen verarbeitet werden. Es handelt sich zwar um Seide, aber um minderwertige Qualität.

Seidenstraße

Seidenstraße heißt die seit dem 2. Jahrhundert vor Christus bestehende alte Karawanenstraße, auf der einst → Seide und andere Luxusgüter aus China quer durch Zentral- und Westasien bis nach Antiochia beziehungsweise Damaskus transportiert wurden. Der einfache Weg nahm etwa drei bis vier Jahre in Anspruch!

Sengen

Das Sengen wird auch „Gasieren" genannt, weil Garne oder Gewebe dabei rasch an einer Gasflamme, glühenden Stäben oder einem anderen, große Hitze erzeugenden Apparat vorbeigeführt werden, um herausstehende Faserenden abzubrennen. Die Ware wird dadurch glatter, flust weniger und neigt weniger zum → Pilling. Sengen wendet man vielfach bei → Baumwollzwirnen an, aber auch bei → Woll-Tuchen oder → Loden.

Serge

Der oder auch die Serge bezeichnet alle → köperbindigen und nur leicht → gewalkten → Kammgarnstoffe, insbesondere aus → Wolle. Oft werden dafür → Vigoureux-Garne verwebt. Auch für köperbindige Futterstoffe wird der Begriff Serge verwendet, der aus dem Französischen stammt. Früher meinte man damit ungleichseitige → Schussköper.

Shantung-Seide

Die Shantung-Seide wird zu den → Wildseiden gerechnet. Die Oberfläche des edlen Gewebes ist von deutlichen Garnunregelmäßigkeiten in → Kette und → Schuss charakterisiert.

Shetland

Shetland nennt man die relativ groben → Wollen, die von den Shetland-Inseln im Nordosten Schottlands stammen. Man spinnt daraus → melierte → Streichgarne, verwebt sie zu → leinwand- oder → köperbindigen Stoffen und → walkt sie leicht.

Shoddy

Shoddy ist der englische Begriff für → Reißwolle, die aus neuer oder gebrauchter Maschenware als Recyclingmaterial entsteht.

Siebdruck

Beim Siebdruck, den man auch → Filmdruck nennt, wird die Farbe durch große, an den Musterpartien siebartig durchlöcherte Folien auf den Stoff gebracht.

Single-Jersey

Single-Jersey wird als sogenannte einflächige Ware auf einer einzylindrischen Rundstrick- oder → Wirkmaschine hergestellt und ist daher nicht sehr querelastisch.

Sitzspiegel

Sitzspiegel nennt man den → Gebrauchslüster, der sich als glänzend changierende Druckstelle auf der Sitzfläche von viel benutzten Polstermöbeln mit → Velours-Bezug zeigen kann. Der Sitzspiegel kann je nach Lichteinwirkung den Eindruck erwecken, dass der Bezug Farbunterschiede beziehungsweise Flecken aufweist.

Spitzen

Smoken

Das Smoken ist eine Sticktechnik aus der altenglischen Volkstracht. Dabei werden viele kleine Fältchen im Gewebe abgenäht und immer wieder unterschiedlich zusammengefasst beziehungsweise getrennt. Es entsteht eine wabenartige Struktur, die das Gewebe leicht rafft. Sie kann vollflächig oder als → Bordüre, Ton in Ton oder bunt gearbeitet werden. Bestimmte → Automatik-Faltenbänder legen beim Zusammenziehen den Stoff ebenfalls in „Smokfalten", die einer echten Smokarbeit recht nahe kommen.

Souple-Seide

Als Souple-Seide bezeichnet man teilweise entbastete beziehungsweise degummierte Seide. Um das Sericin, das man auch Seidenleim oder -bast nennt, zumindest teilweise von den Fasern zu lösen, wurde sie mit heißer, ein- bis zweiprozentiger Seifenlauge behandelt.

Soutache-Spitze

Für die Soutache-Spitze werden sogenannte Soutache-Schnüre oder auch -Litzen aus der → Passementrie in Mustern auf → Tüll gelegt und aufgenäht.

Spachtel-Spitze

Die Spachtel-Spitze entspricht der → Richelieu-Stickerei. Das Ausschneiden der Muster aus dem Stoff bei dieser Art der → Weißstickerei nannte man früher „Spachteln", abgeleitet vom griechischen Wort „spathe" für „Klinge".

Spandex

Spandex wird in Asien und Nordamerika als Synonym für → Elastan verwendet.

S

Spiegel-Samt

Spiegel-Samt oder → Spiegel-Velours sind Sammelbegriffe für → Samte mit einem glänzenden, → gelegten Flor, wie zum Beispiel → Panné-Samt. Meist handelt es sich um → Seiden- oder → Chemiefaserartikel.

Spinneffekte

Als Spinneffekte bezeichnet man die Besonderheiten bei → Effektgarnen, die durch ganz spezielle Spinntechniken entstehen. Darunter zum Beispiel die Flammen beim → Flammenzwirn, die Noppen im → Noppengarn, der → Homespun-Charakter bei bestimmten → Wollgarnen oder auch die charakteristischen Schlingen im → Bouclé-Garn.

Spinnerei

In der Spinnerei unterscheidet man zwischen Primärspinnerei und Sekundärspinnerei. In der Primärspinnerei werden → Chemiefasern zunächst einmal erzeugt, man sagt auch „ersponnen", was bei → Naturfasern ja entfällt beziehungsweise mit dem Gewinnungsprozess der Naturfasern verglichen werden kann. Es gibt drei Verfahren in der Primärspinnerei. Beim → Schmelzspinnverfahren wird die Spinnmasse von beispielsweise → Polyamid oder → Polyester lediglich durch Spinndüsen gepresst und die Fasern erhärten sofort an der Luft. Beim → Trockenspinnverfahren, wie bei → Polyacryl oder → Acetat, wird eine Spinnlösung, die Lösemittel enthält, durch Düsen in einen Spinnschacht gepresst, in dem Wärme das Lösemittel verdampft und die Fasern sich verfestigen. Beim → Nassspinnverfahren von beispielsweise → Viskose wird die Spinnmasse durch Spinndüsen in ein Fällbad gepresst, wo die Fasern auskoagulieren und noch nass aufgespult werden. Erst wenn man also die Fasern selbst gewonnen hat, gleichgültig ob nun Chemiefasern oder Naturfasern, kann das eigentliche Verspinnen zu Garn in der → Sekundärspinnerei beginnen. → Spinnfasern werden zunächst aufgelockert, parallelisiert und mehr oder weniger gründlich gekämmt. Dabei entsteht ein loses Faserband, der sogenannte → Kammzug, der dann nochmals gestreckt und verzogen wird, bevor er endgültig in die Spinnmaschine hineinläuft. Je nach dem gewünschten Verwendungszweck, der Faserart und der Faserstruktur wird ein dickeres oder dünneres, lose oder stärker gedrehtes Garn entstehen.

Spinnfasern

Spinnfasern nennt man im Gegensatz zu den → Filamenten alle nicht endlosen Fasern. Also Fasern mit einer bestimmten → Stapellänge, wie zum Beispiel → Pflanzenfasern, → Wolle und → Edelhaare. Auch → Synthetics können auf Wunsch in der → Primärspinnerei zu Spinnfasern ausgesponnen werden.

Spinnfärbung

Spinnfärbung heißt ein Verfahren, bei dem → Chemiefasern bereits bei ihrem Entstehen in der → Primärspinnerei Farbstoff zugesetzt wird. Man spricht auch von Düsenfärbung.

Spitzen

Zu den Spitzen rechnet man fast alle durchbrochenen, meist weißen Textilien, die in unterschiedlichen Techniken entstehen: Sie werden entweder von Hand gestickt, → geklöppelt oder gehäkelt oder maschinell auf der → Häkelgalon-, → Bobinet- oder → Raschelmaschine hergestellt. Besonders beliebt sind Raschelspitzen. (siehe Bild links)

S

Stängelfasern

Stängelfasern sind → Pflanzenfasern, die aus den Stängeln von Pflanzen herausgelöst werden, wie die → Leinenfasern aus der → Flachspflanze. Da sie von Natur aus immer von einer → bastähnlichen Substanz umgeben sind, nennt man sie auch → Bastfasern. Nicht zu verwechseln mit dem → Naturbast → Raffia!

Stängelfransen

Mit Stängelfransen meint man „geschlossene" Fransen an Fransenborten. Sie gleichen einer → Kordel, die an ihrem freien Ende nicht aufgeschnitten ist, sondern zurückläuft. Auf der → Häkelgalonmaschine sind sie relativ preiswert herzustellen. In der → Passementrie kunstvoll von Hand gefertigt sind sie deutlich teurer.

Stapel

Der Stapel oder die Stapellänge bezeichnet die Länge einzelner → Spinnfasern. Grundsätzlich gibt es von Natur aus eher kurzstapelige Fasern wie → Baumwolle und eher langstapelige wie → Leinen. Innerhalb der einzelnen → Naturfasern werden jedoch je nach Stapellänge noch einmal Qualitätsunterschiede gemacht: Je länger der Stapel, umso besser wird die daraus gesponnene Qualität.

Stärken

Stärken ist ein → Appreturverfahren, das Garne oder Gewebe versteift: zum Beispiel mit Reisstärke. Diese Appretur ist nicht waschfest.

Stellungsware

Stellungsware fasst als Sammelbegriff die → Baumwollnesselqualitäten zusammen, die in der Regel als Grundwaren für gefärbte oder bedruckte → Dekostoffe dienen. Der Name rührt daher, dass diese Stoffe immer in genormten Gewebeeinstellungen in den Handel kommen. Das bedeutet, dass die Anzahl der → Kett- und → Schussfäden pro Zentimeter genau festgelegt ist. Man unterscheidet drei Qualitäten: den → Kattun mit 29 Kett- und Schussfäden pro Zentimeter, den → Cretonne mit 24 und den → Renforcé mit 27 Fäden pro Zentimeter.

Sterblingswolle

Die Sterblingswolle wird von toten Schafen gewonnen. Da es sich aber um reine → Schafwolle handelt, wird auch sie verarbeitet. Allerdings zu minderwertigen → Wollprodukten, denn sie hat nicht die Qualität von → Schurwolle. Sterblingswolle ist matt, wenig elastisch und unregelmäßig in Feinheit und Kräuselung.

St. Galler Spitze

St. Galler Spitze ist eine → Ätzspitze, also eigentlich Stickerei. Anfang des 20. Jahrhunderts kamen mehr als die Hälfte aller Stickereien aus St. Gallen. Die St. Galler Stickerei-Spitze wird für Haute Couture in einer Technik verarbeitet, die sie nahtlos erscheinen lässt.

Stichelhaar

Stichelhaar nennt man ein dunkelfarbiges → Effektgarn aus dem sichtbare, weiße Härchen herausstehen. Es gibt Stichelhaar aus → Wolle, bei dem „tote Wolle" mitversponnen wird. Es handelt sich dabei um weiße tierische Grannenhaare, die keine Farbe annehmen und normalerweise nicht versponnen werden. Stichelhaargarn kann auch aus → Synthetics produziert werden, denen man nicht überfärbbare synthetische Grobfasern hinzumischt.

Stofftapete

Stofftapete ist dasgleiche wie → Gewebetapete. (siehe Bild rechts)

Foto: Chivasso / JAB Anstoetz

Stofftapete

S

Store

Der Store ist die klassische europäische Gardine aus transparentem Gewebe oder Gewirke – früher fast ausschließlich weiß. Man unterscheidet den Halbstore, der bis zur Fensterbank reicht, und den Langstore, der bis zum Boden geht. Übrigens: Das Wort „Store“ kommt aus Frankreich, dort meint man damit allerdings auch eine Markise! (siehe Bild unten)

Stramin

Der Stramin wird hauptsächlich als Grundware für Stickereien wie die → Gobelin-Stickerei mit → Petit-Point-Stichen benutzt. Es handelt sich um ein gitterartiges Gewebe aus kräftigen → Baumwoll-, → Leinen- oder → Halbleinengarnen, das stark → appretiert wird und deshalb ziemlich steif ist. Stramin franst nicht aus. Er kann auch für Knüpfarbeiten verwendet werden. Übrigens: Stramin und → Canevas sind praktisch identisch!

Streichgarn

Für Streichgarn, zum Beispiel aus → Wolle, werden die Fasern im Gegensatz zum → Kammgarn vor dem Verspinnen weit weniger gekämmt. Deshalb liegen die Fasern nicht parallel, sondern mehr oder weniger kreuz und quer im Garn. Sie sind unterschiedlich lang und ihre Enden stehen aus dem Garn heraus, der Faden ist füllig und hat einen „moosigen“ Griff. Streichgarne werden meistens für volumi-

Store

Foto: ADO

S

nösere Gewebe verwendet oder für solche, die → geraut werden sollen.

Streifensatin

Streifensatin entsteht, wenn sich in einem Gewebe Längsstreifen von → Kett- und → Schuss-Atlasbindung abwechseln. Da sie das Licht unterschiedlich reflektieren, erscheinen die Streifen in einem charakteristischen Hell-Dunkel-Effekt. (siehe Bild rechts)

Streublümchen

Von Streublümchen spricht man, wenn bei einem Stoffdessin kleinere Blütenmotive unregelmäßig, sozusagen wie hingestreut, die ganze Fläche bedecken. Sie sind jedoch weniger dicht und nicht so winzig wie beim artverwandten → Millefleurs. Typische Streublümchenmuster sind meistens gedruckt, selten auch → jacquardgewebt.

Strich

Mit Strich bezeichnet man bei → gelegten → Velours oder auch → Lodenstoffen die Richtung, in die der → Flor gelegt beziehungsweise gebürstet wurde. Die Strichrichtung muss bei der Verarbeitung solcher Gewebe unbedingt genau beachtet werden, weil sie die Optik und Strapazierfähigkeit entscheidend beeinflusst, vor allem beim Polstern.

Strukturgardinen

Strukturgardinen entstehen, wenn in feine → Gardinenstoffe zusätzliche → Effektgarne, wie etwa → Flammenzwirne oder → Noppengarne, mit eingewebt werden, die das Gewebe stärker strukturieren.

Superwash

Superwash heißt eine Antifilz-Ausrüstung für → Wolle. Dabei wird die von Natur aus schuppige Oberfläche der Wollfasern zunächst mit einer Chlorlösung erweicht und abgeflacht und anschließend mit einem hauchdünnen Kunstharzfilm ummantelt. Es werden wasserlösliche → Polyamid-Kunstharze wie Nadavin, Luresin oder Resicart verwendet. Dadurch kann die Wolle mit bis zu 40 Grad Celsius gewaschen werden, ohne zu verfilzen, auch im Schongang der Waschmaschine. Ihre Wasserdampfdurchlässigkeit, Festigkeit, Dehnfähigkeit und → Scheuerbeständigkeit werden nicht beeinflusst, die Anfärbbarkeit mit → Reaktivfarbstoffen wird verbessert. Inwieweit die → Haptik sich jedoch verändert, ist umstritten.

Foto: Christian Fischbacher

Streifensatin

Synthetics

Als Synthetics bezeichnet man sämtliche vollkommen künstlich beziehungsweise synthetisch hergestellten → Chemiefasern, wie zum Beipiel die → Polyamide, → Polyacryle oder → Polyester.

T

Tartan

Taft

Der Taft ist ein Edelstoff, obwohl er in der einfachsten aller Bindungen, der → Leinwandbindung, gewebt wird. Denn er ist aus feinfädigen → Filamentgarnen, im besten und ursprünglichen Fall aus reiner → Seide oder aus Kunstseide, wie zum Beispiel → Acetat. Er hat immer einen matten und doch intensiven Glanz, der häufig, wenn man die Garnfarben mixt, auch noch → changiert. Und er hat, da er sehr dicht gewebt wird, immer eine gewisse Steifigkeit, die bei jeder Berührung sofort die typischen Taftknitterfalten zeigt. Manchmal wird dabei auch mit → Appretur etwas nachgeholfen. (siehe Bild rechts)

Tapisserie

Als Tapisserien werden gewebte und gestickte Bildteppiche, zumeist in → Gobelin-Technik, bezeichnet. Ursprünglich entwickelte man diese Webtechnik, um die kostbareren Stickereien zu imitieren. Übersetzt heißt der französische Begriff „tapis" „Teppich". Tapisserie meint jedoch „Wandteppich" oder auch „Tapete", denn Tapisserien wurden und werden meist als Wandbehänge benutzt. Manchmal dienen sie auch als Möbelbezug. Auf der Oberfläche ist immer nur das → Schussmaterial, → Wolle oder → Seide, sichtbar, das die → Kette aus → Baumwolle, → Hanf oder → Leinen völlig verdeckt. Als älteste Tapisserie, die im Abendland gewebt wurde, gilt der „Stoff von St. Gereon" aus dem 11. Jahrhundert, der in Teilen im Victoria and Albert Museum und in Lyoner Museen zu sehen ist. Seit dem 14. Jahrhundert gab es Werkstätten in Arras, Tournai und Brüssel. Dargestellt wurden auf den Teppichen zuerst religiöse Themen, dann Ritterszenen, Jagdmotive, historische Heldentaten und immer häufiger auch Motive, die die Macht und den Reichtum des jeweiligen Auftraggebers glorifizierten. Ihre eigentliche Blütezeit erlebte die Tapisseriekunst im Frankreich des 17. Jahrhunderts, als Aubusson und Gobelin zu Weltruf gelangten.

Tartan

Der Tartan, das echte Schottenkaro aus → Wolle, war und ist auch heute noch das Unterscheidungsmerkmal schottischer Familien und Truppeneinheiten: gleichbedeutend mit einem Wappen. Zu jedem schottischen Familiennamen gehört direkt oder abgeleitet ein spezielles Karo. Die zahlreichen Clans, wie die Familien auch genannt werden, und ihre Tartans sind in verschiedenen schottischen Registern gelistet. Bei den Tartans reicht die Skala von fröhlich bunten Karos bis zu gedeckten, fast tristen, den sogenannten „Muted Tartans". Häufig werden Tartans aus → Streichgarnen gewebt. Es gibt sie aber durchaus auch aus feinem → Kammgarn. (siehe Bild oben)

Foto: JAB Anstoetz

Taft

Textile Wandbespannung

Foto: Création Baumann, ©Reinhard Zimmermann, Baar

T

Technische Textilien

Mit technischen Textilien meint man Gewebe, → Gewirke oder auch → Vliese, die speziell für technische Zwecke, medizinischen Bedarf und dergleichen gebraucht und produziert werden. Also zum Beispiel Verbandstoffe, Filtervliese, Textilien für Verpackungen, gewebte Riemen oder Ähnliches.

Teflon®

Teflon® ist unter anderem der Markenname einer Fleckschutz-Ausrüstung mit sogenanntem → Antisoiling-Effekt. Textilien werden dabei mit Fluorchemikalien behandelt, was sie abweisend gegen trockene wie auch nasse Verschmutzungen macht. Es gibt Teflon® jedoch auch als Faser.

tex

tex ist die Einheit des → Titer, der internationalen Feinheitsbezeichnung von Garnen. Sie gibt an, wie viel Gramm 1000 Meter des jeweiligen Garns wiegen. Von einem Garn mit 100 tex wiegen also 1000 Meter 100 Gramm. Je niedriger der Titer beziehungsweise die tex-Angabe, desto feiner ist das Garn und umgekehrt.

Textile Wandbespannung

Von textiler Wandbespannung spricht man, wenn Wände mit Stoff bespannt werden. Man kann dazu einfachen → Rupfen verwenden, überwiegend werden jedoch Wände in einem gehobenen Ambiente mit → Seide oder mit einem anderen hochwertigen Gewebe bekleidet. Diese aufwendige und kostspielige Art der Ausstattung geht auf die alte Kunst der „Tapissiers“, wie sich die ersten Tapezierer nannten, zurück und kann auch heute nur vom Fachmann, dem → Raumausstatter, ausgeführt werden. (siehe Bild links)

Textilkennzeichnungsgesetz

Das alte Textilkennzeichnungsgesetz (TKG) wurde 2012 durch die Textilkennzeichnungsverordnung (TextilKVO) der EU ersetzt. Dieser wurde Anfang 2016 durch das Gesetz zur Durchführung der Verordnung auch der rechtliche Rahmen gegeben. Bei der Textilkennzeichnung geht es um die Ettiketten: Hier muss in Worten ausgewiesen sein, aus welchen Faserrohstoffen ein Stoff besteht und in welchen Gewichtsanteilen sie darin enthalten sind. Bisher übliche Abkürzungen für textile Fasern und Rohstoffe sind auf Seite 190 in einer Tabelle zusammengefasst.

Textiltapeten

Für Textiltapeten werden Gewebe auf Papier- oder Vinylbahnen aufkaschiert. Es gibt diverse Ausführungen, von → Seide über → Leinen und → Jute bis zu → Synthetics und Versionen mit → Vliesen, → Gewirken oder aufkaschierten Fäden. (siehe Bild unten)

Textiltapeten

T

Textilveredelung

Zur Textilveredelung zählt man alle Verfahren, die Fasern, Garne und Stoffe auf ihrem Weg vom Roh- zum Fertigprodukt in irgendeiner Weise verbessern und aufwerten. Das können Vorbehandlungen wie das → Bleichen oder → Mercerisieren sein, dann das Färben oder Bedrucken und alle → Ausrüstungsverfahren wie das → Aufrauen oder die → Appretur, das → Kalandern oder die → Sanforisierung zur Textilveredelung.

Textilverlag

Ein Textilverlag gleicht einem Buchverlag: Er bringt unter seinem Firmennamen → Dessins und Stoffe verschiedener Textildesigner und Webereien auf den Markt, er „verlegt" sie also.

Texturierte Garne

Texturierte Garne sind Garne aus voluminösen, bauschigen → Chemiefasern. Es gibt mechanische, mechanisch-thermische und chemisch-thermische Texturierverfahren. Sie machen aus den ursprünglich völlig glatten Fasern oder → Filamenten gekräuselte Varianten. Man unterscheidet stark oder schwach ondulierte, verwirbelte, gestauchte, maschenförmige und spiralförmige Veränderungen. Dadurch bekommen die Garne spezielle Eigenschaften und können auch an → Naturfasern angeglichen werden. Man erzielt so nicht nur ein größeres Volumen und eine höhere Bauschkraft, sondern auch eine verbesserte Elastizität, Färbbarkeit, Wärmehaltung und Feuchtigkeitsaufnahmefähigkeit.

Thai-Seide

Thai-Seide ist eine → Wildseide und stammt, wie schon der Name sagt, aus Thailand. Wie die chinesische → Honan-Seide hat sie einen knisternden Griff und lässt sich gut → drapieren.

Thermofixierung

Thermofixierung kann mehreres bedeuten, immer jedoch nutzt man dabei eine Eigenschaft der → Chemiefasern, nämlich bei Erwärmung verformbar zu werden und bei Abkühlung in der neuen Form zu erstarren. Man nennt sie deshalb auch thermoplastisch oder spricht von Thermoplasten. Die Thermofixierung kann man zum einen beim → Texturieren von Fasern beziehungsweise Garnen anwenden. Wenn man bereits fertig gewebte oder → gewirkte Stoffe aus Chemiefasern über die Temperaturen hinaus, die bei der Herstellung und im späteren Gebrauch üblicherweise erreicht werden, bis zu einem bestimmten Punkt erhitzt, so erreicht man damit, dass diese thermofixierten Stoffe weniger knittern und beim Waschen nicht einlaufen. Außerdem setzt man die Thermofixierung bei → Ausrüstungsverfahren, wie zum Beispiel beim → Plissieren, ein. Auch → Wolle kann thermofixiert werden, etwa beim → Filzen.

Tierische Fasern

Zu den tierischen Fasern zählen alle Fasern, die man von Tieren gewinnt, also → Wolle, → Angora, → Alpaka, → Kamelhaar, → Kaschmir, → Vikunja, → Lama, → Mohair, → Ziegenhaar, → Rosshaar und auch die → Seide.

Titer

Der Titer oder die Titrierung ist ein international gültiges Gewichtssystem zur Bestimmung der Feinheit von Garnen. Seine Einheiten sind → tex oder → dtex. Je niedriger der Titerwert, desto feiner ist das Garn.

Toile

Toile heißt auf Französisch „Leinwand", „Gewebe" oder „Tuch". Gemeint ist ein → leinwandbindiger Stoff aus → Baumwolle oder

T

Toile de Jouy

→ Leinen sowie aus → Wollqualitäten, feinfädig, kahlappretiert und aus → Kammgarn.

Toile de Jouy

Toile de Jouy ist der vielleicht französischste aller Stoffe. Sicher ist, dass es der erste Stoff war, der weder Streifen noch → Karos noch Blümchen zeigte, sondern stattdessen kupferstichartige Bilder wie Schäferszenen, Pompeji-Motive, → Chinoiserien, Glorifizierungen des amerikanischen Unabhängigkeitskriegs oder den Flug des ersten Heißluftballons: Ende des 18. und Anfang des 19. Jahrhunderts alles aktuelle Zeitthemen. Christophe-Philippe Oberkampf und sein Bruder Frédéric, beide Stoffdrucker aus Bayern, fanden, dass diese Sujets es wert wären, auf Stoff gedruckt zu werden. Sie hatten sich in dem kleinen Ort Jouy-en-Josas unweit von Versailles niedergelassen und produzierten dort mit einem Kupferplatten-Druckverfahren 1770 die ersten Toiles de Jouy. Sofort wurden diese „Stoffe aus Jouy“ ein Hit. 1783 verlieh Louis XVI. der Firma Oberkampf den Titel einer „Manufacture Royale“. Bis heute sind Toiles de Jouy als → Deko- und → Bezugsstoffe sowie als → textile Wandbespannung aus der französischen Inneneinrichtung nicht wegzudenken. Mitte der 90er-Jahre des 20. Jahrhunderts erlebten sie nochmals eine regelrechte Renaissance, zum Teil auch in modernisierten Farbstellungen. Klassische Toiles de Jouy wurden immer auf weißen, damals aus Indien importierten → Kattun gedruckt, und zwar in den typischen Druckfarben Rot und Rosa aus → Krapp sowie Blau aus → Färberwaid oder → Indigo. (siehe Bild links)

Toiles de Nantes

Die Toiles de Nantes sind sozusagen eine Mélange aus → Indiennes und → Toiles de Jouy. Sie haben ihren Ursprung ebenfalls im 18. Jahrhundert. Damals legten Schiffe mit bunt bedruckten → Baumwollstoffen aus Indien und häufiger noch aus Afrika in Nantes an. Der Einfachheit halber nannte man diese Textilien alle Indiennes. Sie gingen weg wie die sprichwörtlichen warmen Semmeln und einheimische Stoffdrucker machten sich sofort daran, sie zu → imitieren. In Nantes benutzte man zunächst Holzmodel für großflächige Motive und Stempel aus graviertem Kupfer für filigranere Muster, ging später aber wie auch in Jouy zum → Druckverfahren mit rotierenden, gravierten Kupferzylindern über. Die Toiles de Nantes zeigen sowohl typische Muster der Indiennes als auch historische oder mythologische Szenen wie die Toiles de Jouy. Sie sind in ihrer Darstellungsweise jedoch meist nicht so fein wie die Toiles de Jouy, ihre Rot- und Blautöne sind intensiver und dunkler. Auch die Grundstoffe sind oft schwerer – es gibt → Leinenversionen – und nicht ganz weiß.

T

Trame
Die Trame ist ein leicht gedrehtes → Seidengarn, das man als → Schuss verwebt. Es entsteht aus mehreren unfilierten, aber moulinierten → Grègefäden, die verzwirnt werden und ein offenes, weiches, fülliges Garn ergeben.

Transferdruck
Beim Transferdruck wird das Muster von einem Spezialpapier unter Einwirkung von Wärme auf den Stoff gebracht. Das Verfahren lässt großflächige Musterungen mit feinen Farbabstufungen zu.

Trapunto
Trapunto ist der italienische Begriff für „gesteppt" oder „Stepperei". Bei dieser alten → Quilt-Technik werden auf die Oberseite zweier weißer Stofflagen von Hand oder per Maschine Motive und Muster gesteppt. Dann werden die Motive von der Rückseite aufgeschnitten, mit Füllmaterial ausgestopft und wieder zugenäht.

Travers
Travers ist eine aus dem Französischen stammende Bezeichnung für quer gestreifte Stoffe.

Trendsetter
Trendsetter ist, wer sozusagen die Initialzündung für neu aufkommende Trends gibt. Im Gegensatz zu den vielen nachfolgenden Mitläufern, Trittbrettfahrern und → Imitatoren sind Trendsetter immer nur wenige Einzelne, die mit ihrem Gespür für Kommendes, für in der Luft liegende Bedürfnisse und Strömungen den anderen so weit voraus sind, dass sie das Neue als Erste präsentieren können.

Tresse
Tresse wird eine → Borte aus der → Passementrie genannt, die mit Gold- oder Silberfäden durchwirkt ist.

Trevira®
Trevira® ist der Markenname einer → Polyesterfaser, die in vielen Varietäten zu → Spinnfasern oder → Filamenten ausgesponnen wird.

Trevira®CS
Trevira®CS ist der Markenname einer permanent → schwer entflammbaren Polyesterfaser. Sie erfüllt die Kriterien der DIN 4102 B1. Die Schwerentflammbarkeit wird durch ein verändertes → Polymer erzeugt. Trevira CS eignet sich zur Herstellung von → Deko- und → Bezugsstoffen, von Feinvliesen für → Wandbespannungen und Füllfasern für Bettwaren.

Trikot
Trikot war früher die Bezeichnung für feinfädige → Wirkwaren. Man nennt aber auch einen bestimmten Webstoff aus → Wolle so, weil er die Elastizität und die Diagonalrippen des alten „Strumpftrikots" besitzt. Er wird aus feinem, dicht eingestelltem → Kammgarn gewebt und ist meistens → mélangiert.

Trimmings
Die Bezeichnung „Trimmings" steht im Englischen für „Zubehör". Im textilen Bereich hat sich der Begriff auch im Deutschen durchgesetzt und meint → Bordüren, → Borten, → Keder oder → Posamenten. (siehe Bild rechts)

Trockenausrüstung
Die Trockenausrüstung ersetzt bei der Herstellung von Decken aus → Chemiefasern und → Baumwolle die aufwendige und teure → Nassausrüstung. Dort, wo → Walken nicht möglich ist, da die Fasern sowieso nicht → filzen, wer-

Trimmings

den solche Artikel deshalb nur in trockenem Zustand angeraut und eventuell → geschoren.

Trockenspinnverfahren

Das Trockenspinnverfahren gehört zu den drei klassischen Verfahren der → Primärspinnerei von → Chemiefasern. Dabei wird eine mit einem Lösemittel verflüssigte Spinnmasse mit Druck durch Spinndüsen in einen Spinnschacht gepresst, wo das Lösemittel durch Wärme wieder verdampft und die Fasern trocken erstarren. Das Trockenspinnverfahren wird unter anderem für → Polyacryl- oder → Acetatfasern angewendet.

Tropical

Der Tropical ist ein ausgesprochen leichtes, luftdurchlässiges, → leinwandbindiges Gewebe aus relativ hart gedrehten → Zwirnen. Er ist vergleichbar mit dem → Fresko, jedoch immer in Uni. Matt schimmernder Tropical aus → Wolle gilt als sehr hochwertig, enorm reißfest und dabei knitterunempfindlich.

Trompe l'œil

Trompe l'œil heißt aus dem Französischen übersetzt „täuscht das Auge". Und genau das ist damit auch gemeint: augentäuschende Effekte. Sie wurden zunächst in der Malerei entwickelt. Eine extrem naturalistische Darstellungsweise führt dazu, dass der Betrachter kaum noch zwischen dem Gemalten und der Realität unterscheiden kann. Später wurden diese Tricks auch ins Textildesign übernommen. So gibt es Druckstoffe, bei denen man meinen könnte, die aufgedruckten Kieselsteine oder Federn seien echt.

Tuch

Als Tuch bezeichnet man korrekterweise nur einen hochwertigen → Wollstoff: Er wird in → Leinwandbindung aus feinen → Merino-

Foto: Élitis

Tweed

T

Streichgarnen gewebt, → gewalkt, wenig → aufgeraut und bekommt einen kurzanliegenden → Strich. Tuch ist deshalb sehr geschmeidig, hat einen seidigen → Lüster und ist ein begehrter Klassiker unter den noblen Stoffen. Allgemein hat das dazu geführt, dass fälschlicherweise auch viele weniger edle Stoffqualitäten als Tuch bezeichnet werden.

Tüll

Die Tüllstoffe sind eine große Familie feiner, netzartiger und daher transparenter Gewebe, die hauptsächlich als → Gardinenstoffe verwendet werden. Als „echter Tüll" gelten nur die auf der Bobinet-Maschine hergestellten → Bobinet-Tülle. Man unterscheidet nach der Feinheit den relativ großmaschigen → Erbstüll, den sogenannten Gardinen-Tüll und den Moskito-Tüll mit feineren Maschen sowie Feintülle, darunter den bestickten → Florentiner Tüll und die Tüllspitze mit dem feinsten Maschenbild. Auch nach der Form der Maschen wird differenziert: → Waben-Tüll hat sechseckige beziehungsweise rund aussehende Maschen, → Gitter-Tüll hat quadratische Löcher und Twist-Tüll rechteckige. Übrigens: Der Name Tüll soll auf den Ursprungsort, die französische Stadt Tulle, hinweisen.

Tupfenmull

Der Tupfenmull hat als Schmuckversion des einfachen → Mull in → Broché-Technik eingewebte Tupfen, die plastisch im Gewebe liegen. Selten kommt auch gestickter Tupfenmull vor.

Tussahseide

Tussahseide ist der Name einer → Wildseide, die von einem in Indien und China beheimateten Eichenspinner stammt. Er verpuppt sich in einem fast hühnereigroßen, grau, beige oder golden gefärbten Kokon. Während sich die Kokons mancher in China lebenden Eichenspinner abhaspeln lassen, ist das bei den indischen Sorten nicht möglich. Aber man kann die Fasern wie → Spinnfasern verspinnen. Im Vergleich zur → Maulbeerseide ist die Tussahseide wesentlich unregelmäßiger, weniger glänzend, unelastischer, fester, rauer und härter im Griff und oft von einer so haltbaren Naturfarbe, dass sie nicht reinweiß entfärbt werden kann. Neben ihrem natürlichen Reiz ist sie unempfindlich gegen Säuren und Laugen und deshalb haltbar und gut waschbar. Kurzzeichen: ST

Tweed

Der Tweed hat seinen Namen von dem lachsreichen Flüsschen Tweed in den schottischen Borders. Er wird aus kräftigen → Woll-Streichgarnen immer in → Köperbindung 2/2 gewebt, immer → mélangiert und zeigt oftmals zusätzlich → Noppen- oder → Stichelhaar-Effekte. Echte schottische Tweeds sind meist nur klein gemustert und in erdnahen Farbtönen mehr oder weniger uni. Irischer Tweed ist dagegen farbintensiver und zum Teil auch großflächig gemustert. (siehe Bild links)

Twill

Twill bedeutet im Englischen → „Köper". Hierzulande werden relativ feinfädige, klare Köpergewebe aus → Baumwolle oder → Woll-Kammgarnen so bezeichnet.

Tyvek®

Tyvek® ist der Markenname für einen weißen → Vliesstoff aus → Polyethylen, der speziell für die Herstellung von Schutzkleidung verwendet wird. Aber auch bei → Dekostoffen dient er immer wieder als Trägermaterial.

U

Überlauf

Überlauf nennt man die wenigen Zentimeter, auf denen sich zugezogene Vorhangbahnen in der Mitte überlappen.

Ulster

Der Ulster ist ein typischer Ire: Dieser → veloursartige, gemusterte → Wollstoff ist absolut strapazierfähig, unempfindlich und nimmt nichts übel. Er hat keinen gewebten → Flor, sondern wird stark → aufgeraut, → gewalkt und → kalandert.

Umspinnungszwirn

Der Umspinnungszwirn gehört zu den → Effektgarnen. Er entsteht, indem eine straff gespannte → Seele, man nennt sie auch „Stehfaden" oder „Grundzwirn", von einem meist dünneren Garn oder → Zwirn spiralförmig umsponnen wird. Umspinnungszwirne aus zwei verschiedenen Materialien werden zum Beispiel für → Ausbrenner verwendet, denn man kann dann mit Chemikalien eine Komponente dem Muster gemäß entfernen.

Unikat

Ein Unikat ist ein Einzelstück. Von antiken Geweben sind meist nur Unikate vorhanden, da früher nur Einzelstücke gefertigt wurden.

Unterware

Unterware nennt man die untere Stofflage bei Doppelgeweben.

Utrecht-Samt

Der Utrecht-Samt wurde nach seiner niederländischen Heimatstadt Utrecht benannt. Er gehört zu den kostbaren → Reliefsamten, die in der → Renaissance entwickelt wurden. Die Utrecht-Variante mit einem → Flor aus → Mohair – es kommt auch → Wolle vor – hat ein eingeprägtes Muster, das mit heißen Musterwalzen eingepresst wird und dann dauerhaft bleibt. Dieses Verfahren nennt man → Gaufrage. Das Mohair entwickelt in diesen Hoch-Tief-Effekten ein bemerkenswertes Lichtspiel aus Glanz- und Schattenpartien. Seit 1840 werden auch Utrecht-Samte mit vorab bedruckter → Kette gewebt, eine weitere Raffinesse.

Velours

Foto: Élitis

V

Valenciennes-Spitze

Die Valenciennes-Spitze wurde nach ihrer nordfranzösischen Heimatstadt benannt, wo ihre Herstellung einst sehr bedeutend war. Sie gilt als die feinste der handgeklöppelten Spitzen. Der netzartige Fond und die Blütenmuster werden in einem Arbeitsgang gemeinsam geklöppelt. Man nennt sie auch → Ziernetz-Spitze.

Variatronic-Design-System

Das Variatronic-Design-System ist ein computergesteuertes Musterungssystem für → Raschelmaschinen.

Velours

Velours heißen → Florstoffe und der → Samt auf Französisch. Das Wort leitet sich vom lateinischen „villosus" für „zottelig" ab. Velours werden gerne als Bezugsstoffe für Sessel und Sofas verwendet. (siehe Bild links und rechts)

Velours antique

Für den Velours antique wird als → Polfaden das sogenannte Schlunzen- oder Flammen-Mohair verwebt. Da es unregelmäßig → geflammt ist, legt sich der → Flor von selbst und sieht gebraucht, eben „antik" aus.

Velours de Gênes

Velours de Gênes heißt der → Genua-Samt auf Französisch.

Velours d'Utrecht

Velours d'Utrecht ist der französische Name für den → Utrecht-Samt.

Velvet

Velvet hat zwei Bedeutungen. Zum einen ist es generell das englische Wort für → Florstoffe.

Velours

Zum anderen meint man damit aber auch → Schuss-Samt, dessen Flor statt aus der → Kette eben aus dem Schuss gebildet wird. Er bekommt eine ganz besonders glatte Oberfläche, weil er in → Atlasbindung und meist aus → Baumwolle gewebt wird.

Velveton

Velveton ist die englische Bezeichnung für den → Duvetine.

Venezianischer Velours

Venezianischer Velours ist ein gemusterter → Samtbrokat, bei dem sich Flor- und Flachgewebe abwechseln.

Verblocken

Verblocken wird eine spezielle Zuschneidemethode für → Bezugsstoffe genannt. Wenn das zu beziehende Möbel zum Beispiel gerundete Flächen hat, schneidet man den Stoff zunächst dennoch in Rechtecken, also Blocks zu und steckt die endgültige Schnittform erst danach direkt mit dem Stoff am Möbel ab.

Verdunkelungsvorhänge

Verdunkelungsvorhänge werden entweder aus stark lichtabsorbierenden Stoffen, wie zum Beispiel dem schwarzem ➝ Molton, angefertigt oder aus absolut lichtdicht ➝ beschichteten Geweben genäht, die auch ➝ Black-out-Stoffe genannt werden. (siehe Bild rechts)

Vergilben

Vergilben nennt man die Neigung von Stoffen aus ➝ gebleichten ➝ Pflanzenfasern wie ➝ Baumwolle oder ➝ Leinen, durch zu wenig heißes Waschen einen gelblich-bräunlichen Farbstich anzunehmen. Durch Waschen bei 95 Grad Celsius beziehungsweise mit einem Vollwaschmittel, das ➝ optische Aufheller enthält, verschwindet der „Gilb“ wieder. Auch ➝ Synthetics, vor allem ➝ Polyamide der älteren Generation, können vergilben, allerdings durch starke Hitzeeinwirkung, zum Beispiel extreme Sonneneinstrahlung. Es gibt jedoch auch lichtstabilisierte Polyamide mit direkt in die Fasern eingebauten optischen Aufhellern.

Vergrauen

Von Vergrauen spricht man, wenn weiße Textilien aus ➝ Polyamiden, insbesondere aus Perlon®-Fasern, nach häufigerem Waschen eine deutlich graue Verfärbung zeigen. Dies tritt dadurch auf, dass sich entweder zu wenig oder zu viel ➝ optische Aufheller auf den Fasern abgelagert haben. Bei den lichtstabilisierten Polyamiden sind schon in die Spinnmasse optische Aufheller eingeschmolzen – sie bleiben dauerhaft weiß.

Verrotten

Verrotten, das heißt, sich in einem natürlichen Fäulnisprozess zersetzen, können grundsätzlich die ➝ Naturfasern. Unter ihnen gibt es jedoch auch extrem stabile und widerstandsfähige Fasern, wie zum Beispiel ➝ Hanf oder Kokos, die kaum oder gar nicht verrotten.

Verrottungsfest

Als verrottungsfest bezeichnet man Fasern, die nicht faulen, sich also nicht zersetzen, wenn man sie starker oder anhaltender Feuchte und Wärme aussetzt. Das trifft auf die anorganischen ➝ Synthetics zu sowie auf die ➝ Naturfasern ➝ Hanf, Sisal und Kokos.

Versäubern

Versäubern nennt man das Einfassen offener Schnittkanten bei bereits zugeschnittenen Stoffen mit dem ➝ Zickzack- oder einem ähnlichen Stich. Dadurch können die Stoffkanten bei der weiteren Verarbeitung oder auch beim späteren Gebrauch nicht mehr ausfransen.

Verstrecken

Das Verstrecken ist ein entscheidender Schritt bei der Herstellung von ➝ Chemiefasern. Indem man die aus der Spinndüse gepressten und eben erstarrten Fasern streckt, erreicht man nicht nur eine deutlich verbesserte Festigkeit, sondern man kann durch den Grad der Dehnung auch zahlreiche andere Spezialeigenschaften der Fasern herbeiführen. So entsteht beispielsweise Perlon® erst durch das drei- bis fünffache Verstrecken von ➝ Polyamid 6.

Vichy

Als Vichy wird oft ein Stoff mit kleinem, gleichmäßigem Karo bezeichnet. Richtigerweise handelt es sich aber um ein ➝ köperbindiges

Verdunkelungsvorhänge

Gewebe, dessen Muster diagonal ausgerichtet ist und ein Karo auf Basis einer Raute statt eines Quadrats entstehen lässt. Vichy kann als Kombination von → Hahnentritt und → Pepita verstanden werden.

Vigogne

Vigogne heißt ein weiches, feines, aber fülliges Garn aus → Baumwolle und 20 bis 30 Prozent → Wolle. Dafür verspinnt man Abfallfasern im sogenannten Zweizylinder-Spinnverfahren. Man spricht auch von Vigogne-Wolle. Übrigens: Im Französischen bedeutet „Vigogne" Vikunja, darf aber nicht mit dem echten → Vikunja-Edelhaar verwechselt werden!

Vigoureux

Vigoureux ist der Name einer besonders feinen und gleichmäßigen → Mélangierung. Dazu werden die Fasern noch als → Kammzug, also vor dem Verspinnen, wiederholt in feinen Streifen bedruckt und wieder verzogen. Beim Ausspinnen und später beim Verweben erscheint dann ein sehr ebenmäßiger, ausgeglichener Mélange-Effekt. Ein typisches Vigoureux-Gewebe ist der → Fresko. Aber auch → Serge wird häufig aus Vigoureux-Garnen gewebt.

Vikunja

Das Vikunja lebt in Südamerika. Es gehört wie → Alpaka, → Guanako und → Lama zu den vergleichsweise kleinen und höckerlosen Schafkamelen und hat ein sehr feines → Edelhaar. Die → Wolle des Vikunja gilt als die seltenste und teuerste der Welt. Nachdem die Schafkamele bis Mitte der 60er-Jahre lange als bedroht eingestuft wurden, konnten sich die Bestände der Tiere durch erfolgreiche Schutzmaßnahmen bis heute kontinuierlich erholen. Kurzzeichen: WG

Foto: Christian Fischbacher

Voile

V

Viskose

Die Viskose zählt zu den → Chemiefasern der „ersten Generation". Man spricht auch von „klassischen" Chemiefasern auf → Zellulose-Basis, denn das eigentliche Zellulose-Polymer der Viskose liegt schon fertig in der Natur vor, etwa in Holz. In die Form einer textilen Faser wird es durch den Einsatz von Chemie und Technik gebracht. Bereits 1865 hat der deutsche Chemiker Schützenberger die Möglichkeit der Gewinnung von Zellulose-Acetat aus Zellulose und Essigsäure-Anhydrid herausgefunden. 1892 entwickelten die englischen Chemiker Cross und Bevan das eigentliche Viskose-Verfahren. Zunächst muss dafür die Zellulose aus den Spänen von Baumholz oder einjährigen Pflanzen gewonnen werden. Durch Natronlaugen wird sie zur krümeligen Alkalizellulose, dann durch Schwefelkohlenstoff zum Zellulose-Xanthogenat und wiederum durch Lösen in Natronlauge zu einer goldgelben, honigähnlichen Spinnflüssigkeit. Im → Nassspinnverfahren presst man sie durch Düsen in ein Fällbad, wo sie augenblicklich koaguliert, das heißt, zu → Filamentfasern erstarrt, die dann → verstreckt und aufgespult werden können. Will man → Spinnfasern, werden sie noch nass in → Stapel geschnitten. Je nach Feinheit, Querschnitt und Kräuselung kann man den Viskosefasern recht unterschiedliche Eigenschaften geben, sie können als B- und W-Typen der → Baumwolle oder der → Wolle ähnlich produziert werden. Viskose ist frei von Verunreinigungen, weiß, schmiegsam, weich, seidig glänzend, gut zu färben, aber nicht sehr nassfest, das heißt: behutsam waschen. Kurzzeichen: VI oder CV

Vitragenstoff

Als Vitragenstoff bezeichnet man leichte, weiße oder → naturfarbige → Baumwoll-Köper, die zwecks Sonnenschutz als → Vorhang oder → Scheibengardine verwendet werden. Die Bezeichnung leitet sich vom französischen „vitre" für „Fensterscheibe" ab.

Vlies

Ein Vlies wird auch als Faserverbundstoff oder Faservlies bezeichnet. Das heißt, dass es sich zwar um einen textilen Stoff handelt, der aber weder gewebt noch → gewirkt wird und für dessen Herstellung man noch nicht einmal ein Garn braucht. Stattdessen liegen die Fasern zumeist wirr und werden auf chemischem oder mechanischem Weg unlösbar miteinander verbunden, etwa durch Klebemittel, starke Hitze, großen Druck und zusätzliche Reibung. Das älteste Vlies, das durch Hitze und Reibung erzeugt wird, ist der → Filz. Übrigens: Unter Vlies versteht man auch die noch zusammenhängende → Wolle des Schafs, nachdem es geschoren worden ist.

Vliesstoffe

Vliesstoffe entstehen durch das Verbinden von mehreren → Vliesen zu einem Flächenmaterial.

Vogelauge

Vogelauge oder Pfauenauge nennt man eine Stoffmusterung, die entsteht, wenn die achtschäftige → Kreppbindung in → Kette und → Schuss mit der Farbfolge zwei hell, zwei dunkel gewebt wird. Es ergibt sich dann eine augen- oder wabenartige → Allover-Struktur.

Voile

Der Voile ist ein schleierartiges, federleichtes und halbtransparentes Gewebe in → Leinwandbindung. Ein Hauch von Stoff – aus dem Französischen übersetzt heißt das Wort „Segel" –, der bei jedem Windhauch in Bewegung gerät.

V

Voile

Traditionell wurde Voile hauptsächlich aus hart gedrehten → Baumwollgarnen hergestellt, daneben aber auch aus → Leinen. Heute webt man ihn häufig mit hochgedrehten Filamentgarnen aus → Chemiefasern. Für den sogenannten Voll-Voile verwebt man hochgedrehte → Zwirne in → Kette und → Schuss, für Halb-Voile nur in der Kette. Der Voile-Broché zeigt kleine, zusätzlich in → Broché-Technik eingewebte Musterchen, der Voile quadrillé hat eine Musterung aus Quadraten. Wie auch immer: Voile ist ein idealer → Gardinenstoff. (siehe Bild S. 172 und oben)

Volant

Volant ist das französische Wort für einen → Rüschenbesatz.

Vorgarn

Vorgarn nennt man in der → Spinnerei die erste Stufe der Verdrehung. Der → Kammzug durchläuft zunächst die sogenannte Vorspinnerei, wo er auf einer Flügelspinnmaschine, dem Flyer, nur leicht verdreht wird. Man spricht auch von „Drahtgebung". Erst danach wird er in der Feinspinnerei zum endgültigen Garn ausgesponnen.

Vorhang

Mit Vorhang meint man im Gegensatz zur durchsichtigen Gardine den nicht transparenten Teil der Fensterdekoration, also die Schals aus → Dekostoffen. (siehe Bild rechts)

Vorhangband

Vorhangband meint das Gleiche wie der Begriff → Gardinenband.

Vorstich

Vorstich nennt man den einfachsten aller Näh- und Stickstiche, da er durch das simple Auf und Ab der Nadel entsteht. Er entspricht dem → Heftstich.

Vorhang

Waben-Tüll
Waben-Tüll nennt man alle → Tülle mit sechseckigen, also wabenförmigen Löchern.

Waben-Plissee
Unter Waben-Plissee versteht man einen Fensterbehang, für den zwei Bahnen → Plissee miteinander verarbeitet werden – im Querschnitt ergibt sich das Bild einer Wabe. Zwischen den Bahnen sorgt das so entstandene Luftpolster für gute Wärmedämmung und Raumakustik. (siehe Bild rechts)

Wachstuch
Das Wachstuch war ursprünglich ein mit Linolfirnis sowie Trocken- und Färbemitteln beschichtetes → Baumwollgewebe, das zusätzlich noch auf der Rückseite → aufgeraut wurde. Es war wasserdicht und wurde zum Beispiel als abwischbare Tischdecke verwendet. Inzwischen hat PVC die alte Technik der Beschichtung weitgehend verdrängt, der Name Wachstuch ist jedoch erhalten geblieben.

Waffel-Piqué
Der Waffel-Piqué (die eingedeutschte Schreibweise Waffelpikee kommt ebenfalls vor) wird auch „falscher Piqué" genannt. Mit dem „echten" → Piqué hat er denn auch nur eine reliefartige Oberflächenstruktur gemeinsam. Wie der Name schon erwarten lässt, zeigt der Waffel-Piqué eine Musterung aus plastisch hervortretenden, kleinen Quadraten, die deutlich an eine Waffel erinnert. Im Englischen heißt sie „Honeycomb", „Honigwabe". Sie entsteht durch die sogenannte Waffelbindung, eine sehr ausgeklügelte Kombination von → Kett- und → Schussköper. Diese Bindung eignet sich ganz besonders gut zum Reiben und Scheuern, weshalb sie traditionell auch für Scheuertücher verwendet wird. In Italien ist Waffel-Piqué aus → Baumwolle oder → Leinen dagegen der klassische Stoff für Hand- und Badetücher und in besonders feiner Webung auch für Bettwäsche. Etwas ganz Besonderes sind Waffel-Piqués aus → Wolle oder Wolle und → Mohair.

Walken
Das Walken ist ein spezielles → Ausrüstungsverfahren. Überwiegend wird es bei → Wolltextilien, zum Beispiel → Loden, angewendet, da es auf der Fähigkeit der Wolle basiert, verfilzen zu können. Der Stoff wird unter Wärme, Druck und Feuchtigkeit kräftig bewegt und gestoßen. Früher machte man das von Hand in einem großen Bottich mit heißem Wasser, heute geschieht es maschinell. Durch diese Behandlung verfilzen die Fasern und das Gewebe schrumpft je nach Intensität des Walkens bis zu 50 Prozent in der Breite und 30 Prozent in der Länge, es wird dichter und sogar wasserabweisend. Garne können durch eine solche Prozedur auch schon während des Spinnens gewalkt werden. Für Baumwollartikel, etwa beim Walk-Frottier, wird Ähnliches angewendet, man spricht dann vom Nasskochverfahren. Zwar verfilzt Baumwolle nicht und wird auch nicht wasserabweisend, aber die Gewebe schrumpfen ebenfalls, laufen also später beim Waschen nicht mehr ein, werden fülliger und saugfähiger.

Walzendruck
Walzendruck ist eine andere Bezeichnung für den → Rouleauxdruck.

Wandbespannung
Mit Wandbespannung ist immer eine → textile Wandbespannung gemeint. Man spricht auch von Wandbekleidung.

Foto: Duette®

Waben-Plissee

Foto: Ramo

Wash-out-Effekt

Warenbaum

Der Warenbaum gleicht einer großen Rolle, die vorne quer im → Webstuhl liegt und auf die während des Webens laufend das fertige Gewebe aufgerollt bzw. „aufgebäumt" wird. Also das Gegenstück zum → Kettbaum. Er muss sehr stabil sein, da die Stoffmenge mit der Zeit sehr schwer werden kann und er zudem die teilweise enorme → Kett-Spannung aushalten muss. Früher entschied man sich für massives Buchen- oder Eichenholz, daher der Name Warenbaum. An den heutigen Webmaschinen ist er aus Stahl.

Wärmeschutzrollos

Wärmeschutzrollos werden aus speziellen Stoffen gefertigt, die auf einer Seite mit einer Metallschicht bedampft wurden. Wendet man diese Seite beim Montieren des Rollos dem Fenster zu, so wird im Sommer die einfallende Sonnenwärme abgeblockt, im Winter dagegen die Wärme im Raum behalten.

Waschwolle

Waschwolle ist ein Sammelbegriff für leichte, → köper- oder → leinwandbindige Stoffe aus → Schurwolle oder Schurwolle mit → Baumwolle. Dabei kann die Wolle mit → Superwash ausgerüstet sein, muss aber nicht.

Wash-out-Effekt

Mit Wash-out-Effekt sind Färbungen gemeint, die bewusst nicht waschfest sind und bei jeder Wäsche etwas mehr „ausbluten". Aber inzwischen ist dieser Effekt so beliebt, dass er von vornherein bei Stoffen auch als Druckmuster auftaucht, das so aussieht, als sei die Textilie bereits mehrfach gewaschen worden. (siehe Bild links und rechts)

Wattieren

Von Wattieren spricht man, wenn Stoffe mit einem bauschigen Füllmaterial wie zum Beispiel einem Dacron®-Vlies oder einer → Kapok-Einlage unterfüttert werden.

Weberkarde

Weberkarde ist der deutsche Name der Distel Dipsacus sativus, die bevorzugt in der Mittelmeerregion wächst, jedoch vor gar nicht so langer Zeit auch bei uns noch heimisch war. Aus ihren hellvioletten Blüten entwickelt sich später ein igeliger Fruchtstand mit widerhakigen Stacheln. Von etwa 1000 vor Christus bis ins 20. Jahrhundert hinein benutzte man diese natürlichen und erstaunlich haltbaren „Stachelbürsten" zum → Aufrauen von Hand, insbesondere bei → Wollstoffen. Die feinsten und hochwertigsten → Lodenqualitäten, wie zum Beispiel das sogenannte „Hochzeitstuch", werden auch heute noch mit Weberkarden angeraut. Dafür steckt man die Distel-

Wash-out-Effekt

köpfe auf die großen, rotierenden Walzen von speziellen Kardiermaschinen auf.

Weber-Revolte

Die Weber-Revolte, der Aufstand der schlesischen → Leinen- und → Baumwollweber von Peterswaldau und Langenbielau im Juni 1844, gilt als die erste größere Zurwehrsetzung des frühen und völlig verelendeten Proletariats gegen seine damals unmenschlichen Lebens- und Arbeitsbedingungen. In dieser Gegend, die man die Perle in Preußens Krone nannte, „lebten" Weber und Spinner nachweislich schlechter als Zuchthäusler. Während ein Lehrer 80 bis 90 Reichstaler verdiente, bekamen sechsköpfige Familien unter den Leinenwebern nur neun Pfennige. Dafür mussten auch die Kinder mitarbeiten. Sie lebten in einsturzgefährdeten, feuchten Häuschen mit offenem, schlüpfrigem Lehmboden, kleideten sich in Lumpen, Kinder mussten oft nackt bleiben. Als Nahrung gab es Viehkartoffeln und Schwarz- oder Viehmehl, heimlich aßen viele auch von der sauren, stinkigen → Schlichte in den Fabriken. Die Fabrikbesitzer fürchteten die englische Konkurrenz und die rasant fortschreitende Technisierung. Weitere Lohnkürzungen bei gleichzeitiger Arbeitszeitverlängerung lösten schließlich die Aufstände aus. Sie wurden blutig niedergeschlagen.

Foto: C&C Milano

Weichfasern

Webpelz

Webpelz oder → Fake-Fur gehört webtechnisch zu den → Florstoffen. Aber viele Pelzimitate entpuppen sich bei genauem Hinsehen als → Wirkvelours. In beiden Fällen werden die Muster verschiedener Tierfelle wie Leopard oder Zebra in der Regel aufgedruckt. Daher laufen diese Stoffe auch unter → Animalprints. Vorsicht: Viele Webpelze eignen sich nur als → Dekostoff beziehungsweise Stoff „zum Anschauen", aber nicht als Strapazier- oder Möbelbezugsstoff! (siehe Bild rechts)

Webstuhl

Webstühle funktionieren immer nach dem gleichen Prinzip, egal ob einfacher Handwebstuhl oder komplizierte Webmaschine. Beim gängigen Flachwebstuhl findet man hinten einen → Kettbaum, auf dem die → geschärten Kettfäden parallel aufgewickelt sind. Sie laufen waagerecht von hinten nach vorne, also „flach" durch die → Schäfte mit den → Litzen, um vorne dann bereits verwebt anzukommen und als Gewebe auf den → Warenbaum aufgerollt zu werden. In der Mitte, zwischen Schäften und Warenbaum, spielt sich das eigentliche Weben ab. Die Schäfte mit den Litzen heben oder senken immer einen Teil der Kettfäden, die Kette öffnet sich zu einem sogenannten Fach. In das Fach wird dann quer der → Schussfaden eingelegt und mit der → Lade, einem quer angebrachten,

Webpelz

schweren Kamm, an das Gewebe angeschlagen. Das Gewebe wächst also Schuss für Schuss weiter und läuft auf den Warenbaum auf. Der Weber sitzt am Handwebstuhl vorne und bewegt mit Pedalen, den „Tritten", die Schäfte, „schießt" den Schussfaden mit → Schützen hin und her und schlägt die → Lade von Hand an. Bei Webmaschinen läuft dasselbe mechanisch ab, Greifer oder Projektile haben die Schützen ersetzt. Am → Jacquardwebstuhl, gleichgültig ob mechanisch, computergesteuert oder als Handwebstuhl, übernimmt anstelle der Schäfte eine Jacquardmaschine das Bewegen der Kettfäden. Sie wird über Lochkarten oder elektronisch gesteuert und kann jeden Faden im Rapport separat bewegen. Der Hochwebstuhl, an dem die Kette senkrecht von oben nach unten verläuft und an dem man von unten nach oben webt, wird nur für Teppiche, wie zum Beispiel für → Gobelins, verwendet.

Weichfasern

Weichfasern nennt man im Gegensatz zu Hartfasern die weicheren → Pflanzenfasern, also die → Bast- oder → Stängelfasern → Leinen, → Hanf, → Jute und → Ramie sowie die → Samenfasern → Baumwolle und → Kapok. Hartfasern sind zum Beispiel Sisal und Kokos, die nur zu Teppichen, nicht aber zu Stoffen verwebt werden können. (siehe Bild links)

Weiß-Ätze

Weiß-Ätze wird beim → Ätzdruck der Effekt der Ätzpaste genannt, die dort, wo sie aufgetragen wird, die Farbe aus dem bereits eingefärbten Stoff herausätzt und diese Stellen wieder weiß erscheinen lässt.

Foto: Zimmer + Rohde

Wildseide

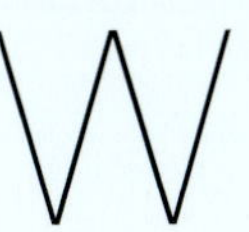

Weißstickerei

Weißstickerei fasst als Sammelbegriff alle Sticktechniken zusammen, bei denen mit weißem Faden auf weißen Stoff gestickt wird. Dazu gehören die meisten durchbrochenen Stickereien wie die → Madeira-Stickerei, die → Richelieu-Stickerei und die → Hardanger Stickerei. (siehe Bild unten)

Weißtöner

Weißtöner meint → optische Aufheller.

Wellenköper

Beim Wellenköper verlaufen die → Grate nicht linear, sondern leicht geschwungen.

Werggarn

Das Werggarn wird aus dem sogenannten Werg gesponnen, also den kurzen und wirren Abfallfasern, die zum Beispiel in der → Leinen- oder → Hanfgewinnung anfallen. Werggarn hat im Prinzip die Eigenschaften der jeweiligen → Pflanzenfaser, ist aber ungleichmäßig, rau und weniger wertvoll.

Whipcord

Whipcord gehört zu den feinen → Kammgarnstoffen aus → Wolle. Er wird in Steilgratköper gewebt und kahl → ausgerüstet, sodass seine → Grate wie plastische Rippen erscheinen.

Wholecloth Quilt

Für den Wholecloth Quilt wird die Oberseite des Plaids, anders als beim klassischen → Quilt, aus einem einzigen Stück unifarbenem Stoff angefertigt. Darauf werden Fantasiemuster gezeichnet und beim Quilten per Steppstich Ton in Ton oder farblich abgesetzt nachgearbeitet. „Whole cloth" ist englisch und bedeutet so viel wie „ganzes Tuch".

Wildseide

Wildseiden werden im Gegensatz zur → Maulbeerseide von wild lebenden Nachtschmetterlingen gesponnen, die man nicht züchtet. So stammt zum Beispiel die bekannteste und beliebteste Wildseide, die → Tussahseide, von einem Eichenspinner. Wildseiden können meist nicht vom Kokon abgehaspelt, sondern müssen wie Spinnfasern versponnen werden. Sie sind daher nicht so fein und glatt, ziemlich unregelmäßig → geflammt, rauer, härter und weniger glanzreich als Maulbeerseide, aber unempfindlicher gegen Säuren und Laugen. Gewebe aus deutlich geflammten Wildseidengarnen in → Kette und → Schuss nennt man → Shantung, besteht die Kette aus Maulbeerseide und nur der Schuss aus Wildseide, spricht man von → Honan – jeweils benannt nach den chinesischen Provinzen ihres Ursprungs. (siehe Bild links)

Weißstickerei

Wirken

Beim Wirken entsteht im Gegensatz zum Weben, bei dem die Fäden ja rechtwinklig verkreuzt werden, ein Stoff aus verschlungenen Maschen. Man unterscheidet das Kulieren, das in etwa dem Stricken entspricht, und das Kettwirken, das eher dem Häkeln entspricht. Gewirke werden von Wirkmaschinen, wie zum Beispiel der → Raschelmaschine oder der → Häkelgalonmaschine, produziert.

Wirkvelours

Der Wirkvelours ist ein → gewirkter Florstoff.

Wolkenstore

Wolkenstore nennt man einen → Store, der so zugeschnitten und genäht wird, dass seine Bahnen in regelmäßigen, sehr duftigen, wolkenartigen Bögen hängen. Ähnlich dem → Raffrollo laufen auf seiner Rückseite verdeckte Züge, die den → Gardinenstoff sanft raffen.

Wolle

Mit Wolle meint man eigentlich die → Schafwolle. Aber auch bei den → Edelhaaren spricht man immer wieder von Wolle. Bereits 9000 Jahre vor Christus gab es Schafherden. Das Schaf war das erste Haustier des eben sesshaft gewordenen Menschen. So gilt die Schafwolle als eine der ältesten Textilfasern überhaupt. Schnell hatte man ihre Fähigkeit zu verfilzen entdeckt und produzierte → Filz. In der Bronzezeit begann man dann, Wolle zu verspinnen und zu verweben. Heute weiden die größten Schafherden in Australien, Neuseeland, China und Russland. Die feinsten Wollen liefern das → Merino- und das Comeback-Schaf. Die Haare der → Crossbreed-Schafe sind schon etwas gröber, die derbsten Qualitäten kommen von den Cheviot-Schafen. Um die Wolle zu gewinnen, werden die Tiere regelmäßig → geschoren. Das besonders weiche und feine Haar der ersten Schur eines etwa sechs Monate alten Lammes bezeichnet man als „Lammwolle" oder → Lambswool, die Schur einjähriger Schafe heißt dagegen „Jährlingswolle". „Vollschur" nennt man die einmal pro Jahr geschorene Wolle, wird zweimal im Jahr geschoren, spricht man von „Zweischurwolle". Der Begriff → reine Schurwolle darf nur für vom lebenden Schaf geschorene Wolle verwendet werden. Im Prinzip handelt es sich auch bei der hochwertigen Neuseelandwolle um reine Schurwolle, sie läuft jedoch unter ihrem eigenen Gütesiegel „Wools of New Zealand". Nach der Schur werden die Wollen nach Herkunft, Schafrasse und Körperpartie des Schafes, Feinheit, Kräuselung und → Stapellänge sortiert und klassifiziert. Bevor sie anschließend in die → Streichgarn- oder → Kammgarn-Spinnerei wandern, werden sie gewaschen, um Schweiß und das Wollfett Lanolin zu entfernen, und mit Schwefelsäure → karbonisiert, um andere Schmutzteilchen zu lösen. Aufgrund ihrer natürlichen, aus Eiweiß aufgebauten Faserstruktur hat Schurwolle eine einzigartige Eigenschaftenkombination: Sie ist dehnbar und elastisch, deshalb fast knitterfrei, schmiegsam, wärmehaltend, schmutzabweisend, unempfindlich gegen Säuren, nicht elektrostatisch, relativ → schwer entflammbar und durch Wärme, Druck und Feuchtigkeit dauerhaft verformbar. Sie kann ein Drittel ihres Gewichts an Feuchtigkeit aufnehmen, ohne sich nass anzufühlen. Aber: Wolle ist nicht sehr reißfest, empfindlich gegen (Wasch-)Laugen und anfällig gegen Mottenfraß. Schafwolle kann zu nahezu allen Arten von Geweben und Gewirken verarbeitet werden: vom → Dekostoff bis zum → Plüsch oder zu Bezugsstoffen. Kurzzeichen: WO

Xenotest

Der Xenotest hat seinen Namen vom chemischen Element Xenon. Der Test dient dazu, die → Lichtechtheit von Textilfärbungen zu bestimmen. Dabei werden die Stoffe unter eine Xenonlampe gelegt, die dem echten Tageslicht vergleichbare Bedingungen schafft.

Zählstoffe

Zählstoffe nennt man löchrige Grundgewebe für Stickereien, wie zum Beispiel → Canevas, auf die das Stickmotiv bereits aufgedruckt wurde. So kann man beim Sticken die jeweils notwendigen Stiche an der Zahl der Löcher abzählen.

Zampelwebstuhl

Der Zampelwebstuhl ist der historische Vorläufer des → Jacquardwebstuhls. Jahrhundertelang bot er die einzige Möglichkeit, großrapportige Musterstoffe wie → Damaste, → Brokate und → Reliefsamte zu weben. Er musste von zwei Personen bedient werden: Vorne arbeitete der Weber und hinten im Webstuhl saß der „Zampeljunge", der von Hand über eine Harnischmechanik die → Kettfäden bewegte. Da der Zampeljunge, man nannte ihn auch „Ziehjunge", für diese Tätigkeit nicht zu groß sein durfte, machten tatsächlich häufig Kinder diese Arbeit, oft war es auch der Lehrjunge. Bei manchen Webstuhltypen musste der Zampeljunge auch dahinter oder daneben stehen. In China, wo man vermutlich zuerst Zampelwebstühle hatte, saß er oben drauf.

Z-Drehung

Die Z-Drehung bezeichnet bei Garnen oder → Zwirnen die Drehrichtung, die einem Z gleicht. Die umgekehrte Richtung wird dementsprechend → S-Drehung genannt.

Zellulose

Zellulose (es gibt auch die Schreibweise Cellulose) ist der Hauptbestandteil der pflanzlichen Zellwände und der „Gerüststoff" der Pflanzen. Dementsprechend bestehen auch alle → Pflanzenfasern aus Zellulose. Chemisch handelt es sich um Polysaccharid-Makromoleküle. Sie können mit einigem chemischem Aufwand zum Beispiel aus Holz herausgelöst werden und liegen dann als weißes Pulver vor. In weiteren chemischen Verfahren kann man daraus unter anderem auch die textilen Zellulose-Fasern, wie etwa → Viskose, herstellen.

Zellulose-Acetat

Zellulose-Acetat wird gemeinhin nur als → Acetat bezeichnet.

Zellulose-Fasern

Zu den Zellulose-Fasern zählen alle → Pflanzenfasern sowie die → Chemiefasern der ersten Generation: → Viskose, → Acetat, → Modal und → Cupro.

Zellwolle

Zellwolle ist eine veraltete und laut → Textilkennzeichnungsgesetz TKG nicht mehr zulässige Bezeichnung für → Viskose-Spinnfasern.

Zephir

Zephir (es existieren auch die Schreibweisen Zephyr und Zefir) heißt ein leichter, feinfädiger → Baumwollstoff, der in → Leinwandbindung gewebt wird: einfarbig, in Webstreifen oder Webkaros.

Zephirgarn

Das Zephirgarn oder die Zephirwolle ist im Gegensatz zum gleichnamigen Stoff ein weicher, nur lose gedrehter → Kammgarn-

XYZ

Foto: Bettenrid

Züchen

Zwirn aus → Schurwolle, der insbesondere für Stickarbeiten verwendet wird.

Zettel

Zettel ist ein anderer Ausdruck für → Kette.

Zettelbaum

Der Zettelbaum ist ein Teilkettbaum. Das Garn von mehreren Zettelbäumen wird später zu einem → Kettbaum zusammengeführt.

Zetteln

Mit Zetteln ist das Aufwickeln der → Kettfäden auf Teilkettbäume, die sogenannten → Zettelbäume, gemeint.

Zibeline

Der Zibeline wird auch „Zobeltuch" genannt, denn er → imitiert sozusagen das feine, silbrige Zobelfell. Es handelt sich um einen sehr hochwertigen → Wollstoff mit ansehnlichem Anteil an glänzendem → Mohair. Durch → Aufrauen bekommt er einen gleichmäßigen, relativ langhaarigen → Flor.

Zickzack-Stich

Der Zickzack-Stich, sein Name sagt es schon, verläuft im Zickzack hin und her. Er wird als Stickstich und zum Kantenversäubern benutzt. Bei Decken oder Plaids wirkt er darüber hinaus wie eine Ziernaht. (siehe Bild rechts)

Ziegenhaar

Ziegenhaar ist sehr derb und fällt im Gegensatz zu den → Edelhaaren unter die Klasse „grobe Tierhaare". Obwohl es im Wesentlichen die Eigenschaften von → Wolle hat und dazu extrem strapazierfähig ist, erweist es sich für die meisten Garn- und Stofftypen als zu kratzbürstig. Als sogenanntes → Schur- oder Gerberhaar wird Ziegenhaar meist nur für Einlagenstoffe oder Teppichwollen verarbeitet. Kurzzeichen: HZ

Ziernetzspitze

Ziernetzspitze ist eine etwas veraltete Bezeichnung für die → Valenciennes-Spitze.

Züchen

Der Züchen oder auch Ziechen, das traditionelle Küchenkaro, wird aus relativ kräftiger → Baumwolle in → Leinwandbindung gewebt. (siehe Bild oben)

Zweizylindergarn

Zweizylindergarn gilt heute allgemein als Sammelberiff für gröbere → Baumwollgarne. Dafür werden kurzstapeliges Material, → Spinnerei-Abfälle und Reißbaumwolle verwertet. Früher wurden sie im sogenannten Zweizylinder-Verfahren ausgesponnen, daher der Name.

Zwillich

Zwillich ist ein anderer Name für den → Drell.

Zwirn

Ein Zwirn entsteht, indem man zwei oder manchmal auch mehrere einfache Garnfäden

zusammendreht, also praktisch miteinander verspinnt. Dabei wird der Zwirn aber immer in der entgegengesetzten Richtung zu jener der Garnfäden gedreht. Will man also zwei Garne mit → Z-Drehung zu einem Zwirn zusammenfügen, so verzwirnt man sie in → S-Drehung. Ansonsten würde der Zwirn zu hart oder würde sich kräuseln, man nennt das „überdreht". Werden einfache Garne verzwirnt, entsteht ein Zwirn erster Ordnung, werden dagegen Zwirne ein zweites Mal miteinander verzwirnt, ergibt sich ein Zwirn zweiter Ordnung. Durch das Verzwirnen verbessert sich die Festigkeit der Garne deutlich. Viele → Effektgarne entstehen durch Variieren beim Zwirnen, oft indem man ungleiche Garne zusammenfügt, zum Beispiel dick und dünn oder glatt und noppig.

Zylinder-Samt

Beim Zylinder-Samt, einer anderen Bezeichnung für den → Panné-Samt, kommt der Name nicht von den zylindrischen Walzen, mit denen sein → Flor flach → gelegt wird, sondern daher, dass man aus ihm früher tatsächlich bevorzugt die eleganten schwarzen Herrenhüte, die Zylinder, nähte.

Zickzack-Stich

Foto: C&C Milano

PFLEGESYMBOLE

Waschen

Normalwaschgang

Normalwaschgang

Normalwaschgang

Normalwaschgang

Schonwaschgang

Schonwaschgang

Schonwaschgang

Spezialschonwaschgang

Spezialschonwaschgang

Handwäsche
maximale Temperatur 40 °C

Nicht waschen

Die Zahlen im Waschbottich zeigen die maximal zulässige Waschtemperatur in °C an.

Bleichen

Chlor- oder Sauerstoffbleiche erlaubt

Nicht bleichen

Nur Sauerstoffbleiche (keine Chlorbleiche) erlaubt

Bügeln

Bügeln mit einer Höchsttemperatur der Bügeleisensohle von 200 °C

Bügeln mit einer Höchsttemperatur der Bügeleisensohle von 150 °C

Bügeln mit einer Höchsttemperatur der Bügeleisensohle von 110 °C*

Nicht bügeln

Die Punkte kennzeichnen die Temperaturstufe des Bügeleisens.
* Kein Bügeln mit Dampf.

PFLEGESYMBOLE

Trocknen

Trocknen im Tumbler möglich, normale Temperatur, 80 °C
normaler Trocknungsprozess

Trocknen im Tumbler möglich, niedrige Temperatur, 60 °C
normaler Trocknungsprozess

Nicht im Wäschetrockner/ Tumbler trocknen

Trocknen auf der Wäscheleine

Trocknen aus dem tropfnassen Zustand

Liegend trocknen

Liegend trocknen aus dem tropfnassen Zustand

Trocknen auf der Wäscheleine im Schatten

Trocknen aus dem tropfnassen Zustand im Schatten

Liegend trocknen im Schatten

Liegend trocknen aus dem tropfnassen Zustand im Schatten

Die Punkte kennzeichnen die Trocknungsstufe des Tumblers.
Die Striche kennzeichnen Art und Ort des Trocknens.

Professionelle Textilpflege

Professionelle Trockenreinigung, normaler Prozess

Professionelle Trockenreinigung, schonender Prozess

Professionelle Trockenreinigung, normaler Prozess

Professionelle Trockenreinigung, schonender Prozess

Nicht trockenreinigen

Professionelle Nassreinigung, normaler Prozess

Professionelle Nassreinigung, schonender Prozess

Professionelle Nassreinigung, besonders schonender Prozess

Nicht nassreinigen

Die Buchstaben im Kreis kennzeichnen die Lösemittel (P, F), die in der Trockenreinigung angewendet werden, oder die Nassreinigung (W).

Generell: Der Strich unter dem Symbol kennzeichnet eine mildere Behandlung (z. B. Schongang für Pflegeleichtartikel). Der doppelte Strich kennzeichnet Pflegestufen mit besonders schonender Behandlung.

Quelle: © by Ginetex Germany

KURZZEICHEN

Kurzzeichen textiler Fasern und Rohstoffe

Faser	Kurzzeichen
Abacá	AB
Acetat	AC oder CA
Alpaka	WP
Angora	WA
Baumwolle	CO
Cupro	CU oder CUP
Elastan	EA oder EL
Flachs, Leinen	LI
Glas	GL oder GF
Guanako	WU
Gummi	LA
Hanf	CA oder HA
Jute	JU
Kamel	WK
Kanin	WA
Kapok	KP
Kaschmir	WS
Kokos	CC
Lama	WL
Manila	AB
Metall	MTF
Modacryl	MA oder MAC
Modal	MD oder CMD
Mohair	WM
Polyacrylnitril	PC oder PAN
Polyamid	PA
Polyester	PL oder PES
Polyethylen	PE
Polypropylen	PP
Polyvinylchlorid	PVC
Polyurethan	PU
Ramie	RA
Rinderhaar	HR
Rosshaar	HS
Schurwolle	WV
Seide (Maulbeer)	SE
Sisal	SI
Triacetat	CTA
Tussahseide	ST
Vikunja	WG
Viskose	VI oder CV
Wolle	WO
Yak	WY
Ziegenhaar	HZ

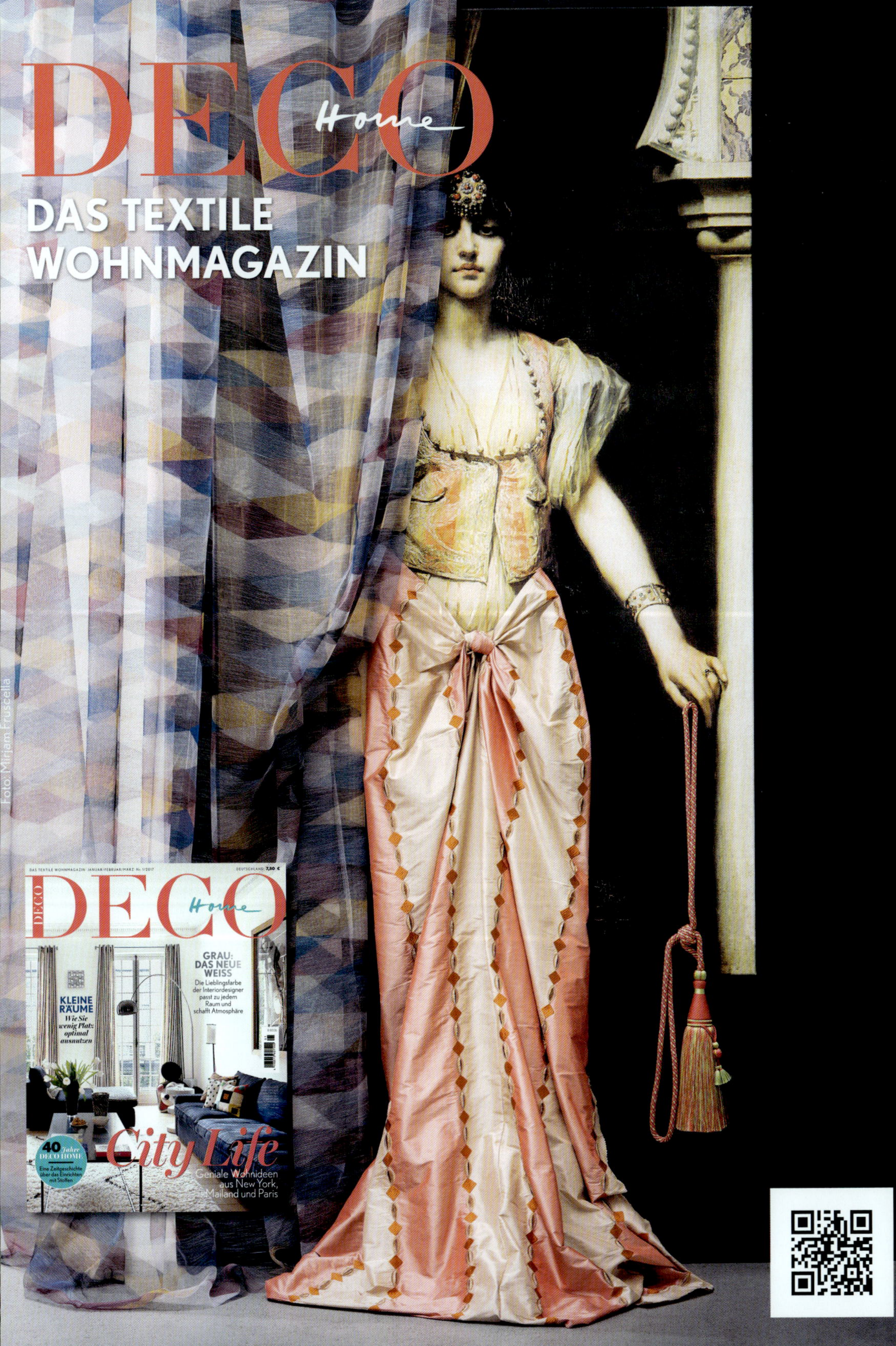

DECO Home
DAS TEXTILE WOHNMAGAZIN
Foto: Mirjam Fruscella
DAS TEXTILE WOHNMAGAZIN JANUAR/FEBRUAR/MÄRZ Nr. 1/2017
DEUTSCHLAND 7,50 €
DECO Home
GRAU: DAS NEUE WEISS
Die Lieblingsfarbe der Interiordesigner passt zu jedem Raum und schafft Atmosphäre
KLEINE RÄUME
Wie Sie wenig Platz optimal ausnutzen
40 Jahre DECO HOME
Eine Zeitgeschichte über das Einrichten mit Stoffen
City Life
Geniale Wohnideen aus New York, Mailand und Paris

BEZUGSQUELLEN

A

Alfred Apelt GmbH
An der Rench 2
D-77704 Oberkirch
Tel.: +49-78 02-80 7-0
info@apelt.com
www.apeltstoffe.de
Dekostoffe · Gardinen · Kissen/Plaids
Outdoorstoffe · Tischwäsche

B

Backhausen GmbH
A-3945 Hoheneich 136
Tel.: +43-28 52-50 2-0
hoheneich@backhausen.com
www.backhausen.com
Dekostoffe · Möbelstoffe · Kissen/Plaids
Objekttextilien · Posamenten/Trimmings

Curt Bauer GmbH
Bahnhofstraße 16
D-08280 Aue
Tel.: +49-37 71-50 00
info@curt-bauer.de
www.curt-bauer.de
Bettwäsche · Objekttextilien · Tischwäsche

C

CAMATO

Wohntex GmbH
Sellrainer Straße 1
A-6175 Kematen
Tel.: +43-52 32-25 43-0
post@wohntex.at
www.camato-fabrics.com
Dekostoffe · Möbelstoffe · Gardinen
Objekttextilien · Nähservice

APELT
DECORATE YOUR LIFE
STOFF KULTUR
VOM FEINSTEN.

BEZUGSQUELLEN

C

Curt Bauer GmbH
Bahnhofstraße 16
D-08280 Aue
Tel.: +49-37 71-50 00
Info@curt-bauer.de
www.curt-bauer.de
Bettwäsche

Chivasso
JAB Josef Anstoetz KG
Potsdamer Straße 160
D-33719 Bielefeld
Tel.: +49-52 1-20 93 0
jabverkauf@jab.de
www.jab.de
Dekostoffe · Gardinen · Möbelstoffe
Tapeten

création baumann

Création Baumann AG
Bern-Zürich-Straße 23
CH-4901 Langenthal
Tel.: +41-62-91 96 26 2
mail@creationbaumann.com
www.creationbaumann.com
Dekostoffe · Möbelstoffe · Gardinen
Kissen/Plaids · Objekttextilien · Outdoorstoffe
Plissee/Rollos · Vorhangtechnik

Christian Fischbacher siehe F

Christian Lacroix

Christian Lacroix
Ottostraße 5
D-80333 München
Tel.: +49-89-20 30 32 85
munich@designersguild.com
www.designersguild.com
Dekostoffe · Gardinen · Möbelstoffe
Kissen/Plaids · Tapeten · Teppiche

BEZUGSQUELLEN

D

Dedar
showroomDE@dedar.com
www.dedar.com
Dekostoffe · Gardinen · Möbelstoffe
Objekttextilien · Outdoorstoffe
Posamenten/Trimmings · Tapeten

DESIGNERS GUILD

Designers Guild
Ottostraße 5
D-80333 München
Tel.: +49-18 05-24 43 44-1
munich@designersguild.com
www.designersguild.com
Dekostoffe · Möbelstoffe · Bettwäsche
Gardinen · Kissen/Plaids · Objekttextilien
Outdoorstoffe · Posamenten/Trimmings
Tapeten · Teppiche

E

Élitis GmbH
Oranienstraße 161
D-10969 Berlin
Tel.: +49-30-54 97 87 78
kontakt.berlin@elitis.fr
www.elitis.fr
Dekostoffe · Kissen/Plaids · Möbelstoffe
Objekttextilien · Outdoorstoffe
Posamenten/Trimmings · Tapeten · Teppiche

Englisch Dekor HandelsgmbH & Co. KG
Scheydgasse 29
A-1210 Wien
Tel.: +43-1-89 10 7-0
office@englisch.at
www.englisch.at
Dekostoffe · Möbelstoffe · Gardinen
Objekttextilien · Outdoorstoffe

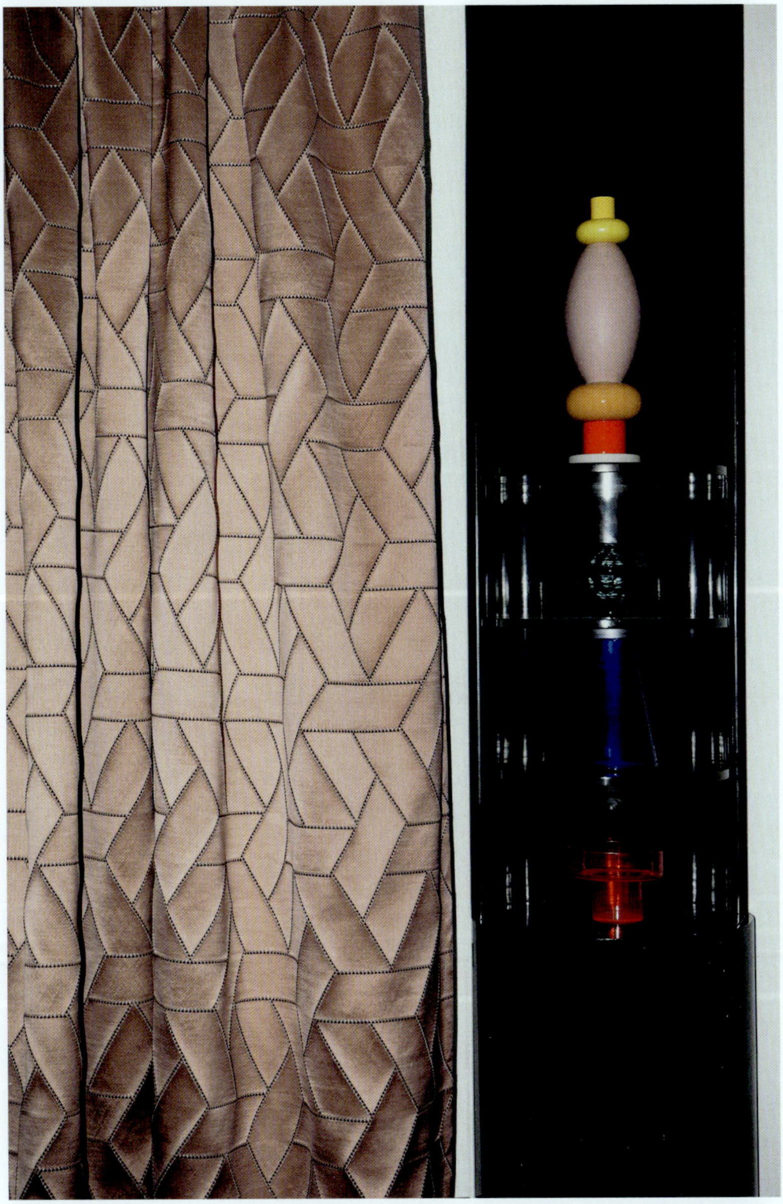

BEZUGSQUELLEN

F

Fine Textilverlag GmbH
Gewerbepark Süd
A-6068 Mils
Tel.: +43-52 23-55 95 5-0
info@fine.at
www.fine.at
Dekostoffe · Möbelstoffe · Kissen/Plaids
Objekttextilien · Outdoorstoffe

Christian Fischbacher
ST. GALLEN – SWITZERLAND
EST. 1819

Christian Fischbacher GmbH
Simonshöfchen 27
D-42327 Wuppertal
Tel.: +49-202-73 90 90
Verkauf.de@fischbacher.com
Christian Fischbacher Co. AG
Mövenstraße 18
CH-9015 St. Gallen-Winkeln
Tel.: +41-71-31 46 66 6
info@fischbacher.ch
www.fischbacher.ch
Bettwäsche · Dekostoffe · Frottierwaren
Gardinen · Kissen/Plaids · Möbelstoffe
Objekttextilien · Outdoorstoffe · Teppiche

G

Gardisette
JAB Josef Anstoetz KG
Potsdamer Straße 160
D-33719 Bielefeld
Tel.: +49-52 1-20 93 0
jabverkauf@jab.de
www.jab.de
Dekostoffe · Gardinen · Möbelstoffe

BEZUGSQUELLEN

G

GEOS-Geilfuß GmbH
Carl-Lüer-Straße 6
D-49084 Osnabrück
Tel.: +49-54 1-58 48 0-0
info@geos-geilfuss.de
www.geos-geilfuss.de
Dekostoffe · Gardinen · Möbelstoffe
Objekttextilien · Outdoorstoffe
Plissee/Rollos · Teppiche · Vorhangtechnik

I, J

Indes Fuggerhaus Textil GmbH
Eichendorffstraße 2
D-51709 Marienheide
Tel.: +49-22 64-20 13 57 00
contact@indesfuggerhaus.de
www.indesfuggerhaus.de
Dekostoffe · Gardinen · Möbelstoffe

JAB Josef Anstoetz KG
Potsdamer Straße 160
D-33719 Bielefeld
Tel.: +49-52 1-20 93 0
jabverkauf@jab.de
www.jab.de
Dekostoffe · Gardinen · Möbelstoffe
Plissee/Rollos · Vorhangtechnik

JAB Teppiche Heinz Anstoetz KG
Dammheider Straße 67
D-32052 Herford-Elverdissen
Tel.: +49-52 21-77 4-0
jabteppiche-verkauf@jab.de
www.jab.de
Teppiche

K
KOBE
INTERIOR DESIGN
INFODE@KOBE.EU / WWW.KOBE.EU / TELEFON +49 (0) 203 – 2809980 ODER +49 (0) 89 – 59068750

BEZUGSQUELLEN

K

Kobe Interior Design
Kobefab Vertriebsges. für Heimtextilien mbH
Mülheimer Straße 214
D-47057 Duisburg
Tel.: +49-20 3-28 09 98 0
infode@kobe.eu
www.kobe.eu
Dekostoffe · Gardinen · Möbelstoffe
Objekttextilien · Tapeten

L

Lenzing AG
Werkstraße 2
A-4860 Lenzing
Tel.: +43-76 72-70 1-0
fibers@lenzing.com
www.lenzing-fibers.com
Botanische Fasern für Dekostoffe, Möbelstoffe, Bettwäsche, Gardinen, Frottierwaren, Kissen/Plaids, Objekttextilien, Teppiche, Tischwäsche

LUIZ / interfrotta GmbH
Max-Planck-Straße 10
D-50354 Hürth
Tel.: +49-22 33-79 35-0
info@luiz.com
www.luiz.com
Bettwäsche · Dekostoffe · Frottierwaren
Gardinen · Kissen/Plaids · Leder
Möbelstoffe · Tischwäsche

BEZUGSQUELLEN

R

Ralph Lauren Home
Ottostraße 5
D-80333 München
Tel.: +49-89-20 30 32 85
munich@designersguild.com
www.designersguild.com
Dekostoffe · Gardinen · Möbelstoffe
Tapeten

Ruther & Einenkel GmbH & Co. KG
Annenstraße 5
D-09456 Annaberg-Buchholz
Tel.: +49-37 33-14 08-0
info@ruther-einenkel.de
www.ruther-einenkel.de
Dekorations-/Gardinen-/Vorhangbänder
Geflechte · Gurte · Posamenten/Trimmings
Schnuren · Vertikallamellen · Vorhangtechnik

S

Sahco Hesslein GmbH & Co. KG
Kreuzburger Straße 17–19
D-90471 Nürnberg
Tel.: +49-91 1-99 87-0
info@sahco.com
www.sahco.com
Dekostoffe · Möbelstoffe · Kissen/Plaids
Tapeten · Teppiche · Posamenten

BEZUGSQUELLEN

S

Saum & Viebahn GmbH & Co. KG
E.-C.-Baumann-Straße 12
D-95326 Kulmbach
Tel.: +49-92 21-80 0-0
service@saum-und-viebahn.de
www.saum-und-viebahn.de
Dekostoffe · Gardinen · Innenliegender Sonnenschutz · Möbelstoffe · Objekttextilien Outdoorstoffe

Soleil Bleu
JAB Josef Anstoetz KG
Potsdamer Straße 160
D-33719 Bielefeld
Tel.: +49-52 1-20 93 0
jabverkauf@jab.de
www.jab.de
Dekostoffe · Gardinen · Möbelstoffe

T

The Royal Collection
Ottostraße 5
D-80333 München
Tel.: +49-89-20 30 32 85
munich@designersguild.com
www.designersguild.com
Dekostoffe · Gardinen · Möbelstoffe Kissen/Plaids · Tapeten · Teppiche

BEZUGSQUELLEN

T

Trevira GmbH
Philipp-Reis-Straße 4
D-65795 Hattersheim
Tel.: +49-82 34-96 88 22 22
treviracs.info@trevira.com
www.treviracs.com
Fasern und Filamentgarne für Dekostoffe, Möbelstoffe, Bettwäsche, Gardinen, Kissen/Plaids, Objekttextilien, Plissee/Rollos, Posamenten/Trimmings, Tischwäsche

W

WILLIAM YEOWARD

William Yeoward
Ottostraße 5
D-80333 München
Tel.: +49-89-20 30 32 85
munich@designersguild.com
www.designersguild.com
Dekostoffe · Gardinen · Möbelstoffe Kissen/Plaids · Tapeten

Wohntex GmbH
Sellrainer Straße 1
A-6175 Kematen
Tel.: +43-52 32-25 43-0
post@wohntex.at
www.wohntex.at
Dekostoffe · Möbelstoffe · Gardinen Objekttextilien · Nähservice

DECO Home
DAS TEXTILE WOHNMAGAZIN
DECO Home
Neue MÖBEL
INDIAN SUMMER
Kleine, feine Hotels in Neuengland
TAPETE & FARBE
So kommen Wände am besten zur Geltung
Stilwelten
Monaco, London, Amsterdam: Wohnen, wie es uns gefällt

FOTONACHWEISE

Bei folgenden Firmen, die uns Fotomaterial für die Illustration dieses Buches zur Verfügung gestellt haben, möchten wir uns recht herzlich für ihre Unterstützung bedanken:

ADO
Apelt Stoffe
Backhausen
Bemz
Bettenrid
C&C Milano
Christian Fischbacher
Colefax and Fowler
Création Baumann
Dedar
Designers Guild
Duette
Élitis
Fine
Geos
Hahne & Schönberg
Höpke Textiles
Hornschuch
Houlès
JAB Anstoetz
Jim Thompson
Kinnasand
Kobe
Luiz
Nya Nordiska
Osborne & Little
Pierre Frey
Romo
Rubelli
Sahco
Saum & Viebahn
Zimmer + Rohde

IMPRESSUM

Nymphenburger Straße 1
D-80335 München
www.winkler-online.de

1. Auflage 2000 unter dem Titel „ABC der Stoffe und Stile"
2., unveränderte Auflage 2002
3., aktualisierte, ergänzte und überarbeitete Auflage 2017

Konzept und Text: Elisabeth Berkau, Andrea Wolff
Lektorat: Dr. Edith Konradt
Layout: Mediendesign Nina Dannenbauer
Druck: F&W Druck- und Mediencenter GmbH, Kienberg

ISBN 978-3-9807332-4-3

Die Deutsche Nationalbibliothek verzeichnet diese Publikation in der Deutschen Nationalbibliografie; detaillierte bibliografische Daten sind im Internet über http://dnb.d-nb.de abrufbar.